建筑电气设计常见错误解析

中国勘察设计协会电气分会
中国建筑节能协会电气分会 主编

中国建筑工业出版社

图书在版编目（CIP）数据

建筑电气设计常见错误解析/中国勘察设计协会电
气分会，中国建筑节能协会电气分会主编. —北京：中
国建筑工业出版社，2020.12（2022.5重印）
　ISBN 978-7-112-25839-0

　Ⅰ. ①建… Ⅱ. ①中… ②中… Ⅲ. ①房屋建筑设备
-电气设备-建筑设计 Ⅳ. ①TU85

中国版本图书馆 CIP 数据核字（2021）第 024834 号

责任编辑：张　磊
文字编辑：高　悦
责任校对：李美娜

建筑电气设计常见错误解析
中国勘察设计协会电气分会
　　　　　　　　　　　　主编
中国建筑节能协会电气分会
*
中国建筑工业出版社出版、发行（北京海淀三里河路 9 号）
各地新华书店、建筑书店经销
霸州市顺浩图文科技发展有限公司制版
北京君升印刷有限公司印刷
*
开本：880 毫米×1230 毫米　1/32　印张：9⅜　字数：277 千字
2021 年 6 月第一版　　2022 年 5 月第三次印刷
定价：**68.00** 元
ISBN 978-7-112-25839-0
（36658）

本书内容共分为三章，第一章为建筑电气设计涉及规范强制条文的错误及解答；第二章为建筑电气设计涉及规范非强条的错误及解答；第三章为建筑电气及智能化专业部分规范及标准的强制性条文目录。本书适合从事建筑电气设计的设计师和相关专业的大中专院校师生学习参考。

本书编委会

主　　编：欧阳东　教授级高工　高级顾问　中国建设科技集团
　　　　　会长　中国勘察设计协会电气分会
　　　　　主任　中国建筑节能协会电气分会

编写委员（排名不分先后）：

梁华梅	高级工程师	审图专家	中设安泰（北京）工程咨询有限公司
陈　校	正高级工程师	审图专家	北京国标筑图建筑设计咨询有限公司
陈　萌	教授级高工	副总工程师	厦门合立道施工图审查有限公司
何　玲	教授级高工	室主任	上海中船九院工程咨询有限公司
黄　程	高级工程师	总工程师	广州迪安工程技术咨询公司
黄　彦	高级工程师	副总工程师	海南省建筑设计院施工图审查服务中心
孙桂茹	教授级高工	副总工程师	中国建筑东北设计研究院有限公司
李艳秋	教授级高工	总工程师	吉林省建苑设计集团有限公司
冉　红	教授级高工	审图专家	中国建筑西南设计研究院
段磊坚	教授级高工	室主任	云南省建筑设计院
杨鹏举	高级工程师	电气总工程师	甘肃省工程设计研究院有限责任公司
蔡　红	教授级高工	电气总工程师	陕西中建西北工程咨询有限公司
许　琼	高级工程师	审图专家	湖北华建建设工程设计审查事务有限公司
颜筱明	高级工程师	主任工程师	湖南建院建设工程设计咨询有限公司
熊文文	工程师	所长	亚太建设科技信息研究院有限公司
于　娟	工程师	主任	亚太建设信息研究院有限公司

审查专家：

郭晓岩	教授级高工	电气总工程师	中国建筑东北设计研究院有限公司
陈众励	教授级高工	电气总工程师	华东建筑集团股份有限公司
陈建飚	教授级高工	电气总工程师	广东省建筑设计研究院
孙成群	教授级高工	电气总工程师	北京市建筑设计研究院有限公司
熊　江	教授级高工	副总工程师	中南建筑设计院股份有限公司
李俊民	教授级高工	电气总工程师	中国建筑设计研究院有限公司
杜毅威	教授级高工	电气总工程师	中国建筑西南设计研究院有限公司
杨德才	教授级高工	电气总工程师	中国建筑西北设计研究院有限公司
周名嘉	教授级高工	副总工程师	广州市设计院
李　蔚	教授级高工	副总工程师	中信建筑设计研究总院有限公司
孟焕平	研究员级高工	副总工程师	湖南省建筑设计院有限公司
衣建全	教授级高工	电气总工程师	吉林省建苑设计集团有限公司
高小平	研究员级高工	副总工程师	中船第九设计研究院工程有限公司
俞国锋	教授级高工	机电一院院长	云南省设计院集团
任继刚	教授级高工	副总工程师	陕西省建筑设计研究院有限责任公司

前　言

　　2015 年由中国勘察设计协会电气分会和中国建筑节能协会电气分会联合主编，中国建筑工业出版社出版的《建筑电气设计疑难点解析及强制性条文》，该书《当当网月排名》排名第 4 名，《中国建筑书店月排名》，有三次进入过前 10（最好是第 6 名）。参与排名的书籍：所有与建筑相关的规范、教材、考试书、科技书等，该书的社会反响非常好。

　　最近，新出及修订的建筑电气设计规范及标准非常多，通过调研得知，电气设计师急需一本建筑电气设计常见错误解析的书籍，对电气设计规范强条和常规电气设计中经常出现的错误，给予正确的解答，也是《建筑电气设计疑难点解析及强制性条文》一书的续版，以减少电气设计过程中的错、漏、碰、缺，提高设计工作效率。因此，中国勘察设计协会电气分会和中国建筑节能协会电气分会联合主编，力邀全国建筑电气行业审图专家和知名行业专家作为编委、审委，共同编写了《中国建筑电气设计常见错误解析》一书。

　　本书内容共分为三章，第一章为建筑电气设计涉及规范强制条文的错误及解答；第二章为建筑电气设计涉及规范非强条的错误及解答；第三章为建筑电气及智能化专业部分规范及标准的强制性条文目录。第一章和第二章的内容包括通用建筑、超高层建筑、高铁站建筑、机场建筑、客运站建筑、体育馆建筑、游泳馆建筑、体育场建筑、博物馆建筑、综合体建筑、商业建筑、办公建筑、剧院建筑、数据中心建筑、医院建筑、酒店建筑、会展建筑、援外建筑、教育建筑、居住建筑、工业建筑及其他建筑的电气设计涉及规范强条、非强条的错误及解答。

　　本书重点突出，内容翔实，针对性强，所针对的都是当前深受建筑电气设计人员关注的要点，汇集了全国七大区 14 个知名审图单位一线审图专家的审图意见，并邀请了全国建筑电气行业 14 位知名电气专家进行审查，具有较强的实用性和参考性。该书适用设计人员、施工人员、运维人员等相关产业电气从业人员进行建筑电气设计参考。

本书在编写的过程中，得到了企业常务理事和理事单位的大力支持，对 ABB（中国）有限公司、施耐德（中国）有限公司、常熟开关制造有限公司（原常熟开关厂）、欧普照明股份有限公司、大全集团有限公司、上海良信电器股份有限公司、贵州泰永长征技术股份有限公司等企业，表示衷心的感谢！

由于本书编写均是业余时间完成，编写周期紧迫，技术水平所限，有些技术问题是目前的热点、难点和疑点，争议很大，答案是相对正确的，仅供参考。如有不妥之处，敬请批评指正。

中国勘察设计协会电气分会　会长
中国建筑节能协会电气分会　主任

2020 年 7 月 27 日

目　　录

1

第一章　建筑电气设计涉及规范强制条文的错误及解答

第1节　通用建筑电气设计涉及强条的错误及解答

1.1.1　消防控制室配电盘能否为本室插座供电？消防风机房配电箱内可否设置检修插座回路？详见错误图1.1.1-1。

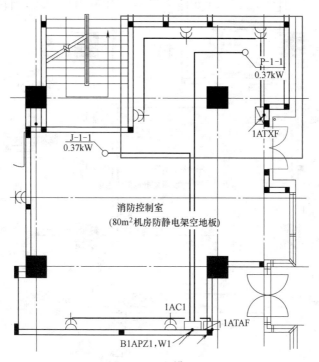

图 1.1.1-1　错误图

结论：属于违反强制性条款的问题。

依据：《建筑设计防火规范（2018 年版）》GB 50016—2014 第 10.1.6 条【强制性条款】要求："消防用电设备应采用专用的供电回路，当建筑内的生产、生活用电被切断时，应仍能保证消防用电。"

建议：因消防设备不能采用插座方式供电，因此消防控制室插座不应纳入消防供电范围。消防控制室配电盘不可为本室插座供电，消防风机房配电箱内也不应设置检修插座回路，消防用电设备应采用专用的供电回路。详见正确图 1.1.1-2。

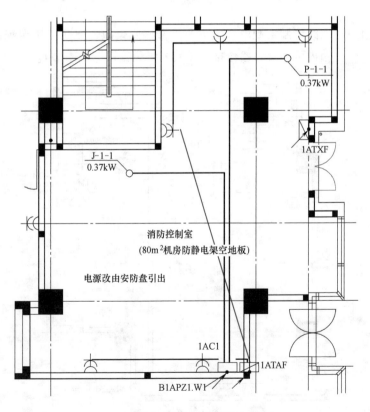

图 1.1.1-2 正确图

1.1.2 配电间、弱电间等场所的排风扇电源引自应急照明回路是否可行？详见错误图 **1.1.2-1**。

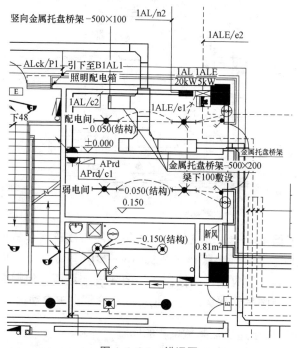

图 1.1.2-1　错误图

结论：属于违反强制性条款的问题。

依据：《建筑设计防火规范（2018 年版）》GB 50016—2014 第 10.1.6 条【强制性条款】要求："消防用电设备应采用专用的供电回路，当建筑内的生产、生活用电被切断时，应仍能保证消防用电。"

建议：生产、生活用电与消防用电的配电线路采用同一回路，火灾时可能因电气线路短路或切断生产、生活用电，导致消防用电设备不能运行，因此，消防用电设备均应采用专用的供电回路。配电间、弱电间等场所的排风扇不属于消防负荷，电源引自应急照明回路不满足规范要求，应改由普通配电盘供电。详见正确图 1.1.2-2。

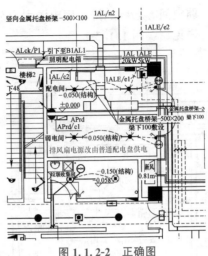

图 1.1.2-2　正确图

1.1.3 社区配套楼总建筑面积及建筑功能不属于《建筑设计防火规范（2018 年版）》GB 50016—2014 第 8.4.1 条中提到的需要设置火灾自动报警系统的建筑和场所，但配套楼内设置有燃气锅炉房，是否也可以不设置火灾自动报警装置？

结论：属于违反强制性条款的问题。

依据：《建筑设计防火规范（2018 年版）》GB 50016—2014 第 5.4.12 条第 7 款【强制性条款】要求："（燃气锅炉）确需布置在民用建筑内时，不应布置在人员密集场所的上一层、下一层或贴邻，且应设置火灾报警装置。"

建议：燃气锅炉房设置在民用建筑内时，该问题不以建筑功能及建筑总面积判定，均应设置火灾报警装置。

1.1.4 消防应急广播与普通广播或背景音乐合用时，消防应急广播使用普通型扬声器是否违反规范要求？

结论：属于违反强制性条款的问题。

依据：《公共广播系统工程技术规范》GB 50526—2010 第 3.6.7 条第 1 款【强制性条款】要求："用于火灾隐患区的紧急广播扬声器应使用阻燃材料，或具有阻燃后罩结构。"

建议：用于火灾隐患区的紧急广播设备，应能在火灾初发阶段播出紧急广播，且不应由于助燃而扩大灾患。发生火灾时，自动喷淋系统将会启动，广播扬声器依靠自身的外壳防护，在短期喷淋条件下应能工作。因此，消防应急广播扬声器应使用阻燃材料，或具有阻燃后罩结构。

1.1.5 利用建筑物的钢筋作为防雷装置，采用热加工连接是否可行？

结论：属于涉及强制性条款的问题。

依据：《建筑物防雷设计规范》GB 50057—2010 第 4.3.5 条第 6 款【强制性条款】要求："利用建筑物的钢筋作为防雷装置时，构件内有箍筋连接的钢筋或成网状的钢筋，其箍筋与钢筋、钢筋与钢筋应采用土建施工的绑扎法、螺丝、对焊或搭焊连接。单根钢筋、圆钢或外引预埋连接板、线与构件内钢筋应焊接或采用螺栓紧固的卡夹器连接。构件之间必须连接成电气通路。"

《建筑物防雷工程施工与质量验收规范》GB 50601—2010 第 3.2.3 条【强制性条款】要求："除设计要求外，兼做引下线的承力钢结构构件、混凝土梁、柱内钢筋与钢筋的连接，应采用土建施工的绑扎法或螺丝扣的机械连接，严禁热加工连接。"

《混凝土结构设计规范（2015 年版）》GB 50010—2010 第 8.4.1 条【非强制性条款】表示："钢筋连接可采用绑扎搭接、机械连接或焊接。机械连接接头及焊接接头的类型及质量应符合国家现行有关标准的规定。"

建议：在图纸中补充利用建筑物钢筋作为防雷装置的相关条款，构件之间必须连接成电气通路。根据上述《混凝土结构设计规范（2015 年版）》GB 50010—2010 和《建筑物防雷工程施工与质量验收规范》GB 50601—2010 的相关条款，如结构设计许可，普通钢筋本身采用热加工是没有问题的，有些特殊钢筋（如预应力结构钢筋等）不建议焊接，是否可采用热加工连接的问题，应与结构专业沟通。

1.1.6 建筑内消防应急照明和灯光疏散指示标志的备用电源的连续供电时间仅根据《建筑设计防火规范（2018 年版）》GB 50016—2014 第 10.1.5 条确定，是否可行？

结论：属于涉及强制性条款的问题。

依据：《建筑设计防火规范（2018 年版）》GB 50016—2014 第 10.1.5 条【强制性条款】要求："建筑内消防应急照明和灯光疏散指示标志的备用电源的连续供电时间应符合下列规定：

1 建筑高度大于 100m 的民用建筑，不应小于 1.50h；

2 医疗建筑、老年人照料设施、总建筑面积大于 10000m^2 的公共建筑和总建筑面积大于 20000m^2 的地下、半地下建筑，不应少于 1.00h；

3 其他建筑，不应少于 0.50h。"

《消防应急照明和疏散指示系统技术标准》GB 51309—2018 第 3.2.4 条第 5、6 款【强制性条款】要求：

"5 当按照《消防应急照明和疏散指示系统技术标准》GB 51309—2018 第 3.6.6 条的规定设计时，持续工作时间应分别增加设计文件规定的灯具持续应急点亮时间。

6 集中电源的蓄电池组和灯具自带蓄电池达到使用寿命周期后标称的剩余容量应保证放电时间满足本条第 1 款～第 5 款规定的持续工作时间。"

《消防应急照明和疏散指示系统技术标准》GB 51309—2018 第 3.6.6 条第 1 款【非强制性条款】要求："在非火灾状态下，系统主电源断电后，灯具持续应急点亮时间应符合设计文件的规定，且不应超过 0.50h。"

建议：综合上述条款的要求，如建筑内消防应急照明和灯光疏散指示标志平时不用，仅火灾时使用，则需考虑建筑高度、总建筑面积和建筑功能三方面来判定连续供电时间。如建筑内消防应急照明和灯光疏散指示标志消防与平时兼用，则其备用电源的连续供电时间还应增加非火灾状态下，系统主电源断电后，灯具的持续应急点亮时间（0～0.50h），而且上述两种情况均需保证"集中电源的蓄电池组和灯具自带蓄电池达到使用寿命周期后标称的剩余容量应保证放电时间满足规范规定的持续工作时间。"

1.1.7 人员密集场所的楼梯间、前室或合用前室的疏散照明地面水平照度采用 5.0lx 标准，是否违反强制性条款？

结论：属于违反强制性条款的问题。

依据：根据《中华人民共和国消防法》2019 年修订版第七十三条第（二）（三）款的要求："公众聚集场所，是指宾馆、饭店、商场、集贸市场、客运车站候车室、客运码头候船厅、民用机场航站楼、体育场馆、会堂以及公共娱乐场所等。人员密集场所，是指公众聚集场所，医院的门诊楼、病房楼，学校的教学楼、图书馆、食堂和集体宿舍，养老院，福利院，托儿所，幼儿园，公共图书馆的阅览室，公共展览馆、博物馆的展示厅，劳动密集型企业的生产加工车间和员工集体宿舍，旅游、宗教活动场所等。"

《建筑设计防火规范（2018 年版）》GB 50016—2014 第 5.5.19 条【非强制性条款】条文说明解释，"人员密集的公共场所主要指营业厅、观众厅，礼堂、电影院、剧院和体育场馆的观众厅，公共娱乐场所中出入大厅、舞厅，候机（车、船）厅及医院的门诊大厅等面积较大、同一时间聚集人数较多的场所。"

《建筑设计防火规范（2018 年版）》GB 50016—2014 第 10.3.2 条【强制性条款】要求："建筑内疏散照明的地面最低水平照度应符合下列规定：

1 对于疏散走道，不应低于 1.0lx。

2 对于人员密集场所、避难层（间），不应低于 3.0lx；对于老年人照料设施、病房楼或手术部的避难间，不应低于 10.0lx。

3 对于楼梯间、前室或合用前室、避难走道，不应低于 5.0lx；对于人员密集场所、老年人照料设施、病房楼或手术部内的楼梯间、前室或合用前室、避难走道，不应低于 10.0lx。"

建议：综合上述条款要求，人员密集场所的判定执行《中华人民共和国消防法》。在上述所涉及的人员密集场所，建筑内疏散照明的地面最低水平照度不应低于 3.0lx，人员密集场所的楼梯间、前室或合用前室、避难走道，不应低于 10.0lx。

1.1.8 民用建筑及厂房内的卷帘门、推拉门、转门用做疏散门使用，设置应急疏散照明标志灯，是否可行？详见错误图 1.1.8。

结论：属于涉及强制性条款的问题。

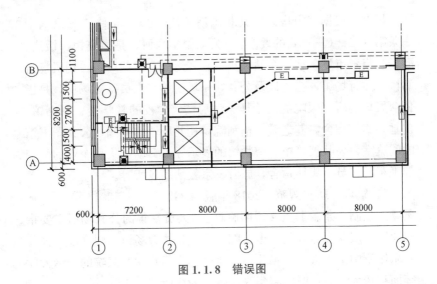

图 1.1.8　错误图

依据：《建筑设计防火规范（2018 年版)》GB 50016—2014 第 6.4.11 条第 1 款【强制性条款】要求："民用建筑和厂房的疏散门，应采用向疏散方向开启的平开门，不应采用推拉门、卷帘门、吊门、转门和折叠门。"

建议：电气工程师应先与建筑设计师沟通确定组织疏散路线及明确疏散门的位置，再进行应急照明设计。本图纸原建筑为厂房，根据规范要求厂房不应采用卷帘门作为疏散门，因此该门上不应设置应急疏散照明标志灯。该图修改时应增设疏散门，并完善疏散照明设计。

1.1.9　综合布线系统电缆进线从建筑物外面进入建筑物时未设置浪涌保护器，是否违反强制性条款？

结论：属于违反强制性条款的问题。

依据：《综合布线系统工程设计规范》GB 50311—2016 第 8.0.10 条【强制性条款】要求："当电缆从建筑物外面进入建筑物时，应选用适配的信号线路浪涌保护器。"

建议：为防止雷击瞬间产生的电流与电压通过电缆引入建筑物布线系统，对配线设备和通信设施产生损害，甚至造成火灾或人员伤亡的事件发生，应采取相应的安全保护措施。

此处设置的信号线路浪涌保护器有别于装设于电源线路的浪涌保护器，信号线路浪涌保护器应根据线路的工作频率、传输速率、传输带宽、工作电压、接口形式和特性阻抗等参数，选择插入损耗小、分布电容小，并与纵向平衡、近端串扰指标适配的浪涌保护器，具体选择参数可以参考《建筑物电子信息系统防雷技术规范》GB 50343—2012 表5.4.4执行。

《建筑物防雷设计规范》GB 50057—2010中明确了户外进入建筑物处，是指 LPZ0$_A$ 或 LPZ0$_B$ 进入 LPZ1 区处；规范第4.3.8条第7、8款中也明确了做法：在电子系统的室外线路采用金属线时，其引入的终端箱处应安装 D1 类高能量试验类型的电涌保护器。在电子系统的室外线路采用光缆时，其引入的终端箱处的电子系统侧，当无金属线路引出本建筑物至其他有自己接地装置设备时可安装 B2 类慢上升率试验类型的电涌保护器，其短路电流宜选用75A。

1.1.10 一级负荷采用两路电源，但达不到"不可同时故障"的标准，是否可行？

结论：属于违反强制性条款的问题。

依据：《供配电系统设计规范》GB 50052—2009 第3.0.2条【强制性条款】要求："一级负荷应由双重电源供电，当一电源发生故障时，另一电源不应同时受到损坏。"其条文说明表示："条文采用的'双重电源'一词引用了《国际电工词汇》IEC 60050-601—1985 第601章的术语第601-02-19条'duplicate supply'。因地区大电力网在主网电压上部是并网的，用电部门无论从电网取几回电源进线，也无法得到严格意义上的两个独立电源。所以这里指的双重电源可以是分别来自不同电网的电源，或者来自同一电网但在运行时电路互相之间联系很弱，或者来自同一个电网但其间的电气距离较远，一个电源系统任意一处出现异常运行时或发生短路故障时，另一个电源仍能不中断供电，这样的电源都可视为双重电源。"

建议：一级负荷的供电要求应按规范的语言描述"由双重电源供电，当一电源发生故障时，另一电源不应同时受到损坏"，双重电源可一用一备，亦可同时工作。

1.1.11 电缆井防火封堵材料的耐火极限未明确或达不到楼板耐火极限的标准，是否涉及强制性条款？

结论：属于违反强制性条款的问题。

依据：《建筑设计防火规范（2018 年版）》GB 50016—2014 第 6.2.9 条第 3 款【强制性条款】要求："建筑内的电缆井、管道井应在每层楼板处采用不低于楼板耐火极限的不燃材料或防火封堵材料封堵。建筑内的电缆井、管道井与房间、走道等相连通的孔隙应采用防火封堵材料封堵。"其条文说明明确："建筑中的管道井、电缆井等竖向管井是烟火竖向蔓延的通道，需采取在每层楼板处用相当于楼板耐火极限的不燃材料等防火措施分隔。"

建议：设计说明里应明确电缆井应作防火封堵，防火封堵材料的耐火极限应与所在楼层楼板耐火极限一致。

1.1.12 照明功率密度设计值未满足《建筑照明设计标准》GB 50034—2013 第 6.3 节现行值要求，是否可行？

结论：属于违反强制性条款的问题。

依据：《建筑照明设计标准》GB 50034—2013 第 6.1.2 条【非强制性条款】"照明节能应采用一般照明的照明功率密度值（LPD）作为评价指标。"

进行照明节能判定时，照明设计的房间或场所的照明功率密度应满足《建筑照明设计标准》GB 50034—2013 第 6.3 节规定的现行值。《建筑照明设计标准》GB 50034—2013 第 6.3 节共 12 条强制性条文【强制性条款】，见表 1.1.12。

表 1.1.12

《建筑照明设计标准》GB 50034—2013 强制性条文		备注
6.3.3	办公建筑和其他类型建筑中具有办公用途场所的照明功率密度限值应符合表 6.3.3 的规定	
6.3.4	商店建筑照明功率密度限值应符合表 6.3.4 的规定。当商店营业厅、高档商店营业厅、专卖店营业厅需装设重点照明时，该营业厅的照明功率密度限值应增加 5W/m²	
6.3.5	旅馆建筑照明功率密度限值应符合表 6.3.5 的规定	

续表

《建筑照明设计标准》GB 50034—2013 强制性条文		备注
6.3.6	医疗建筑照明功率密度限值应符合表 6.3.6 的规定	
6.3.7	教育建筑照明功率密度限值应符合表 6.3.7 的规定	
6.3.9	会展建筑照明功率密度限值应符合表 6.3.9 的规定	
6.3.10	交通建筑照明功率密度限值应符合表 6.3.10 的规定	
6.3.11	金融建筑照明功率密度限值应符合表 6.3.11 的规定	
6.3.12	工业建筑非爆炸危险场所照明功率密度限值应符合表 6.3.12 的规定	
6.3.13	公共和工业建筑非爆炸危险场所通用房间或场所照明功率密度限值应符合表 6.3.13 的规定	
6.3.14	当房间或场所的室形指数值等于或小于 1 时,其照明功率密度限值应增加,但增加值不应超过限值的 20%	
6.3.15	当房间或场所的照度标准值提高或降低一级时,其照明功率密度限值应按比例提高或折减	

　　《建筑照明设计标准》GB 50034—2013 第 6.3 节条文说明第 6.3.3～第 6.3.13 条:"考虑到上述的这 10 类场所量大面广,节能潜力大,节能效益显著,因此将这 10 类建筑中重点场所列入相应表中定为强条。"第 6.3.3 条:"需要特殊说明的是对于其他类型建筑中具有办公用途的场所很多,其量大面广,节能潜力大,因此也列入照明节能考核的范畴。"第 6.3.7 条:"教育建筑中照明功率密度限制的考核不包括专门为黑板提供照明的专用黑板灯的负荷。"第 6.3.15 条:"本标准 4.1.2、4.1.3 规定了一些特定的场所,其照度标准值可提高或降低一级在这种情况下,相应的 LPD 限值也应进行相应调整。但调整照明功率密度值的前提是'按照本标准第 4.1.2 条、第 4.1.3 条的规定'对照度标准值进行调整,而不是按照设计照度值随意的提高或降低。"

　　建议:进行照明节能评价时,照明设计的房间或场所的照明功率密度应满足《建筑照明设计标准》GB 50034—2013 第 6.3 节规定的现行值,其中第 6.3.3～第 6.3.13 条对应的 10 类场所照明功率密度限值为强制性条文，必须严格执行。

1.1.13 避难层（间）疏散照明如何设置？老年人照料设施的疏散照明地面最低水平照度采用 3.0lx 是否可行？

结论：属于违反强制性条款的问题。

依据：(1) 建筑高度大于 100m 的公共建筑内的避难层（间）。

《建筑设计防火规范（2018 年版）》GB 50016—2014 第 5.5.23 条第 8 款【强制性条款】："在避难层（间）进入楼梯间的入口处和疏散楼梯通向避难层（间）的出口处，应设置明显的指示标志。" 详见正确图 1.1.13-1 及图 1.1.13-2。

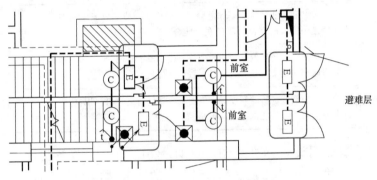

图 1.1.13-1 正确图

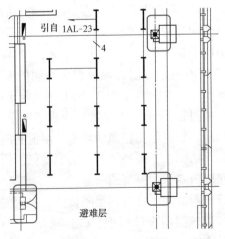

图 1.1.13-2 正确图

（2）高层病房楼避难间。

《建筑设计防火规范（2018 年版）》GB 50016—2014 第 5.5.24 条第 5 款【强制性条款】："高层病房楼应在二层及以上的病房楼层和洁净手术部设置避难间。避难间应符合下列规定：

5 避难间的入口处应设置明显的指示标志。"

详见正确图 1.1.13-3。

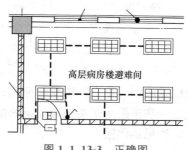

图 1.1.13-3　正确图

（3）老年人照料设施避难间。

《建筑设计防火规范（2018 年版）》GB 50016—2014 第 5.5.24 条【强制性条款】："3 层及 3 层以上总建筑面积大于 3000m^2（包括设置在其他建筑内三层及以上楼层）的老年人照料设施，应在二层及以上各层老年人照料设施部分的每座疏散楼梯间的相邻部位设置 1 间避难间；避难间内可供避难的净面积不应小于 12m^2，避难间可利用疏散楼梯间的前室或消防电梯的前室，其他要求应符合本规范第 5.5.24 条的规定。即老年人照料设施内避难间入口处也应设置明显的指示标志。"详见正确图 1.1.13-4。

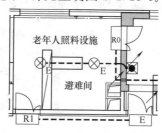

图 1.1.13-4　正确图

（4）地面最低水平照度问题。

《建筑设计防火规范（2018 年版）》GB 50016—2014 第 10.3.2 条第 2 款【强制性条款】要求："（建筑内疏散照明的地面最低水平照度）对于人员密集场所、避难层（间），不应低于 3.0lx；对于老年人照料设施、病房楼或手术部的避难间，不应低于 10.0lx。"

建议：综上所述，《建筑设计防火规范（2018 年版）》GB 50016—2014 第 5.5 节规定了需设置避难间（层）的三种情况，均应设置疏散照明和指示标志，且应分别确定疏散照明的地面最低水平照度。老年人照料设施、病房楼或手术部的避难间，疏散照明的地面最低水平照度不应低于 10.0lx，其他避难层（间）不应低于 3.0lx。

1.1.14 消防配电线路应如何敷设？由变配电室引至电气竖井的消防配电线路，在未采用矿物绝缘电缆的情况下，可否采用梯架敷设？详见错误图 1.1.14-1。

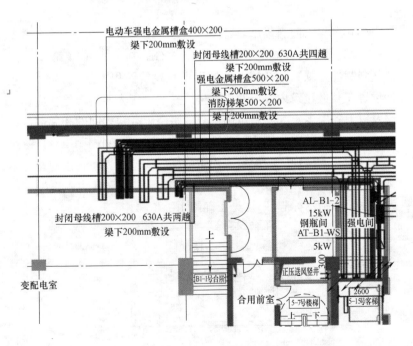

图 1.1.14-1 错误图

结论：属于违反强制性条文的问题。

依据：消防配电线路敷设规定见《建筑设计防火规范（2018年版）》GB 50016—2014 第 10.1.10 条【其中第 1、2 款为强制性条文】："消防配电线路应满足火灾时连续供电的需要，其敷设应符合下列规定：

1 明敷时（包括敷设在吊顶内），应穿金属导管或采用封闭式金属槽盒保护，金属导管或封闭式金属槽盒应采取防火保护措施；当采用阻燃或耐火电缆并敷设在电缆井、沟内时，可不穿金属导管或采用封闭式金属槽盒保护；当采用矿物绝缘类不燃性电缆时，可直接明敷。

2 暗敷时，应穿管并应敷设在不燃性结构内且保护层厚度不应小于 30mm。"

建议：明敷的消防配电线路应穿金属导管或采用封闭式金属槽盒保护，金属导管或封闭式金属槽盒应采取防火保护措施；当采用矿物绝缘类不燃性电缆时，可直接明敷。详见正确图 1.1.14-2。

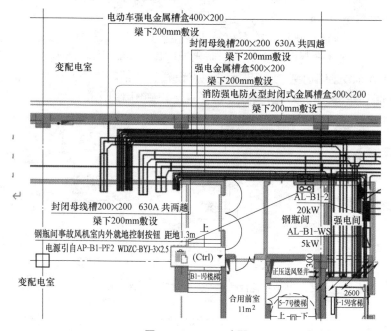

图 1.1.14-2　正确图

1.1.15 火灾自动报警系统短路隔离器的设置规定是什么？总线穿越防火分区时未设置总线短路隔离器，是否违反强制性条款？

结论：属于违反强制性条款的问题。

依据：《火灾自动报警系统设计规范》GB 50116—2013第3.1.6条【强制性条款】要求："系统总线上应设置总线短路隔离器，每只总线短路隔离器保护的火灾探测器、手动火灾报警按钮和模块等消防设备的总数不应超过32点；总线穿越防火分区时，应在穿越处设置总线短路隔离器。"

建议：设计时尽量按防火分区设置总线回路，当穿越防火分区时，平面图中应在穿越处增设总线短路隔离器。

1.1.16 消防泵房联动控制设计中，遗漏消防水池和高位水箱间的液位信号装置，是否违反强制性条款？

结论：属于违反强制性条款的问题。

依据：消防泵房的联动控制设计规定，详见《消防给水及消火栓系统技术规范》GB 50974—2014 和《火灾自动报警系统设计规范》GB 50116—2013，详述如下：

《消防给水及消火栓系统技术规范》GB 50974—2014 第4.3.9条第2款【强制性条款】："消防水池应设置就地水位显示装置，并应在消防控制中心或值班室等地点设置显示消防水池水位的装置，同时应有最高和最低报警水位。"详见正确图1.1.16-1。

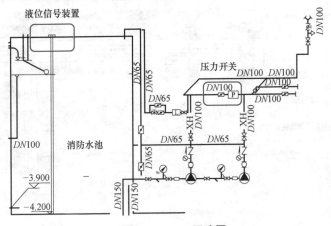

图1.1.16-1 正确图

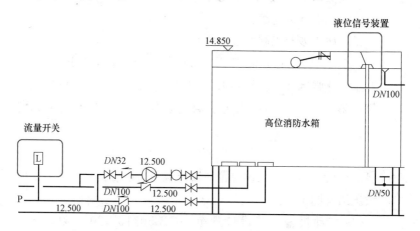

图 1.1.16-2 正确图

建议：消防泵房的联动控制设计，应注意不要遗漏消防水池和高位水箱间的液位信号装置。

1.1.17 集中报警系统未设置消防应急广播，是否违反强制性条款？

结论：属于违反强制性条款的问题。

依据：《火灾自动报警系统设计规范》GB 50116—2013 第4.8.7条【强制性条款】要求："集中报警系统和控制中心报警系统应设置消防应急广播。"

建议：设计时应先确定系统形式，集中报警系统和控制中心报警系统应设置消防应急广播。

系统形式的确定原则详见《火灾自动报警系统设计规范》GB 50116—2013 第3.2.1条第2款要求："不仅需要报警，同时需要联动自动消防设备，且只设置一台具有集中控制功能的火灾报警控制器和消防联动控制器的保护对象，应采用集中报警系统，并应设置一个消防控制室。"第3款要求："设置两个及以上消防控制室的保护对象，或已设置两个及以上集中报警系统的保护对象，应采用控制中心报警系统。"

1.1.18 **火灾声光警报器如何设计？火灾声光警报器设置距离过大，有什么问题？**

结论：属于涉及强制性条款的问题。

依据：《火灾自动报警系统设计规范》GB 50116—2013第4.8.1条【强制性条款】要求："火灾自动报警系统应设置火灾声光警报器，并应在确认火灾后启动建筑内的所有火灾声光警报器。"

《火灾自动报警系统设计规范》GB 50116—2013第4.8.4条【强制性条款】要求："火灾声警报器设置带有语音提示功能时，应同时设置语音同步器。"

《火灾自动报警系统设计规范》GB 50116—2013第4.8.5条【强制性条款】要求："同一建筑内设置多个火灾声警报器时，火灾自动报警系统应能同时启动和停止所有火灾声警报器工作。"

《火灾自动报警系统设计规范》GB 50116—2013第6.5.2条要求【强制性条款】："每个报警区域内应均匀设置火灾警报器，其声压级不应小于60dB；在环境噪声大于60dB的场所，其声压级应高于背景噪声15dB。"

建议：设计说明中应明确"火灾自动报警系统应设置火灾声光警报器，并应在确认火灾后启动建筑内的所有火灾声光警报器。火灾声警报器设置带有语音提示功能时，应同时设置语音同步器。同一建筑内设置多个火灾声警报器时，火灾自动报警系统应能同时启动和停止所有火灾声警报器工作。"

在设计实践中，应考虑到声压级的问题。规定火灾警报器的声压等级要求，是便于在各个报警区域内都能听到警报信号声，以满足告知所有人员发生火灾的要求。声压级要求和背景噪声相关，达到声压级要求既可通过减少间距实现，又可通过提高产品的声压级实现。

1.1.19 模块可以画在配电柜内吗？详见错误图 1.1.19-1。

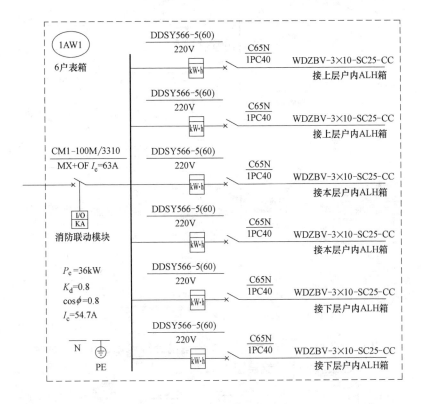

图 1.1.19-1 错误图

结论：属于违反强制性条款的问题。

依据：《火灾自动报警系统设计规范》GB 50116—2013 第 6.8.2 条【强制性条款】要求："模块严禁设置在配电（控制）柜（箱）内。"

建议：由于模块工作电压通常为 24V，不应与其他电压等级的设备混装，不同电压等级的模块一旦混装，将可能相互产生影响，导致系统不能可靠动作，因此设计应将模块箱画在配电柜系统图框外。详见正确图 1.1.19-2。

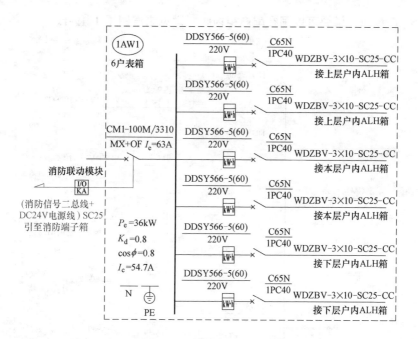

图 1.1.19-2　正确图

1.1.20　消防控制室未设置可直接报警的外线电话，是否违反强制性条款？详见错误图 **1.1.20-1**。

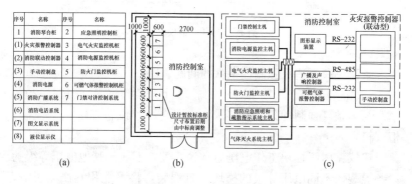

图 1.1.20-1　错误图

（a）消防控制室主要设备表；（b）消防控制室设备平面图；

（c）火灾自动报警及消防联动系统图

结论：属于违反强制性条款的问题。

依据：《火灾自动报警系统设计规范》GB 50116—2013 第6.7.5条【强制性条款】要求："消防控制室、消防值班室或企业消防站等处，应设置可直接报警的外线电话。"

建议：为了保证及时传递灭火救援信息，消控室应设置可直接报警的外线电话，设计应在消控室布置平面图和火灾自动报警系统图中同时表示。详见正确图1.1.20-2。

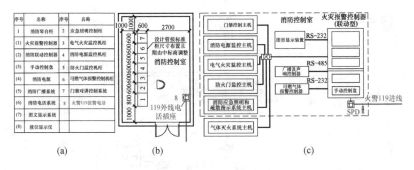

图 1.1.20-2　正确图

(a) 消防控制室主要设备表；(b) 消防控制室设备平面图；
(c) 火灾自动报警及消防联动系统图

1.1.21　火灾自动报警系统的报警线路及供电线路共管敷设时，报警线缆可否采用阻燃线缆？

结论：属于涉及强制性条款的问题。

依据：《火灾自动报警系统设计规范》GB 50116—2013 第11.2.2条【强制性条款】要求："火灾自动报警系统的供电线路、消防联动控制线路应采用耐火铜芯电线电缆，报警总线、消防应急广播和消防专用电话等传输线路应采用阻燃或阻燃耐火电线电缆。"

建议：为了保证火灾自动报警系统运行稳定性和可靠性，其供电线路、消防联动控制线路应具有相应的耐火性能，故设计强调采用"耐火"线缆，而报警线路等传输线路则采用"阻燃或阻燃耐火"型线缆，以避免其在火灾中发生延燃。耐火与阻燃两者原理不同，侧重点不同（见《阻燃和耐火电线电缆或光缆通则》GB/T 19666—2019），工程设计中当电源线和信号线共管敷设时，二者都需要选用耐火型，低烟无卤型线缆可根据需要设置。

1.1.22 公共和工业建筑非爆炸危险场所通用房间或场所照明功率密度值、对应照度标准值不满足要求，工业建筑未提供照明功率密度值、对应照度标准值计算参数或提供的参数有误。详见错误图1.1.22。

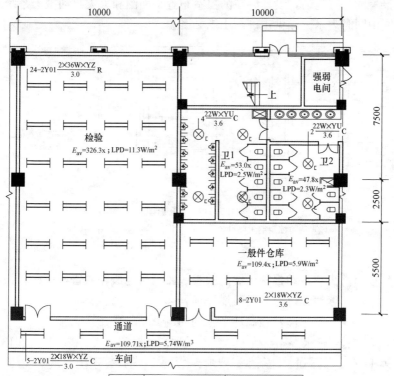

序号	房间名称	GB 50034—2013标准值		计算结果	
		照度标准值(lx)	功率密度现行值(W/m²)	计算照度值(lx)	功率密度计算值(W/m²)
1	检验	300	≤9	326.3	11.3
2	一般件仓库	100	≤4	109.4	5.9
3	卫1	75	≤3.5	53.0	2.5
4	卫2	75	≤3.5	47.8	2.3
5	通道	100	≤4	109.08	5.74

图1.1.22 错误图

结论：属于违反强制性条款的问题。

依据：《建筑照明设计标准》GB 50034—2013 第 6.3.13 条
【强制性条款】要求："公共和工业建筑非爆炸危险场所通用房间或
场所照明功率密度限值应符合表 6.3.13 的规定（表略）。"

建议：对于建筑物的通用房间或场所，特别是走廊、厕所、工业通用房间等，照明功率密度值、对应照度标准值常被设计忽略或计算取值错误。照明设计首先应明确这些场所的照明功率密度限值、对应照度标准值，而后进行设计照度值、LPD 值计算，同时还应注意符合《建筑照明设计标准》GB 50034—2013 第 4.1.7 条要求，即"设计照度值与照度标准值的偏差不应超过±10%。"

1.1.23 消防水泵房内消防水泵控制箱箱体防护等级未作出要求，是否违反强制性条款的要求？详见错误图 1.1.23-1。

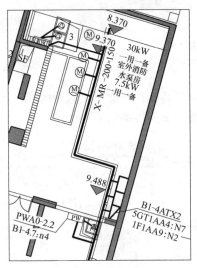

图 1.1.23-1 错误图

结论：属于违反强制性条款的问题。

依据：《消防给水及消火栓系统技术规范》GB 50974—2014
第 11.0.9 条【强制性条款】要求："消防水泵控制柜设置在专用消防水泵控制室时，其防护等级不应低于 IP30；与消防水泵设置在同一空间时，其防护等级不应低于 IP55。"

建议：图纸中明确消防水泵控制柜的防护等级。详见正确

图 1.1.23-2。

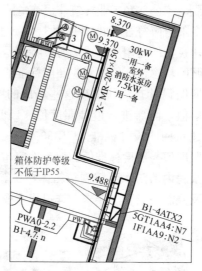

图 1.1.23-2　正确图

1.1.24　消防配电母线槽未考虑耐火保护措施，是否违反强制性条款的要求？详见错误图 1.1.24-1。

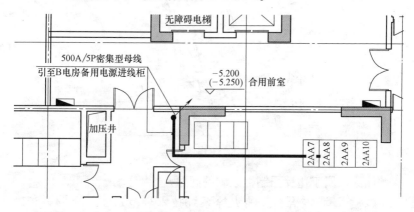

图 1.1.24-1　错误图

结论：属于涉及强制性条款的问题。

依据：《建筑设计防火规范（2018 年版）》GB 50016—2014

第 10.1.10 条第 1 款【强制性条款】要求："消防配电线路应满足火灾时连续供电的需要，其敷设应符合下列规定：

1 明敷时（包括敷设在吊顶内），应穿金属导管或采用封闭式金属槽盒保护，金属导管或封闭式金属槽盒应采取防火保护措施；当采用阻燃或耐火电缆并敷设在电缆井、沟内时，可不穿金属导管或采用封闭式金属槽盒保护；当采用矿物绝缘类不燃性电缆时，可直接明敷。"

建议：说明中补充消防配电母线槽的耐火保护措施要求。详见正确图 1.1.24-2。

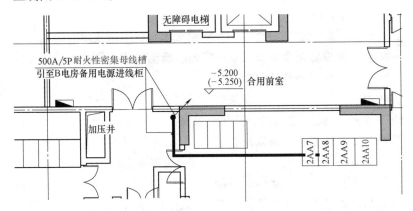

图 1.1.24-2　正确图

1.1.25　抗震设防烈度为 6 度及 6 度以上的地区，建筑机电工程未进行抗震设计，是否违反强制性条款要求？

结论：属于违反强制性条款的问题。

依据：《建筑机电工程抗震设计规范》GB 50981—2014 第 1.0.4 条【强制性条款】要求："抗震设防烈度为 6 度及 6 度以上地区的建筑机电工程必须进行抗震设计。"

建议：对于抗震设防烈度为 6 度及 6 度以上地区的建筑机电工程应进行抗震设计，具体设计可由甲方委托专业公司二次深化，设计说明中应补充抗震设计要求。

1.1.26 **空调系统的电加热器配电未采取接地及剩余电流保护措施,是否违反强制性条款的要求?**

结论:属于违反强制性条款的问题。

依据:《民用建筑供暖通风与空气调节设计规范》GB 50736—2012 第9.4.9条【强制性条款】要求:"空调系统的电加热器应与送风机连锁,并应设无风断电、超温断电保护装置;电加热器必须采取接地及剩余电流保护措施。"

建议:设计时电加热器设备应做等电位联结,其配电回路应采用剩余电流动作保护器,并应自动切断故障电源,剩余动作电流值不应大于30mA。

1.1.27 **太阳能空调系统中、太阳能热水系统中所使用的电气设备未设置剩余电流保护、接地和断电等安全措施,是否违反强制性条款的要求?**

结论:属于涉及强制性条款的问题。

依据:《民用建筑太阳能空调工程技术规范》GB 50787—2012 第5.6.2条【强制性条款】要求:"太阳能空调系统中所使用的电气设备应设置剩余电流保护、接地和断电等安全措施。"

《民用建筑太阳能热水系统应用技术标准》GB 50364—2018 第5.7.2条【强制性条款】要求:"太阳能热水系统中所使用的电气设备应装设短路保护和接地故障保护装置 。"

《民用建筑太阳能热水系统应用技术标准》GB 50364—2018 第5.7.3条【非强制性条款】要求:"系统应由专用回路供电,内置加热系统回路应设置剩余电流动作保护器,其额定动作电流值不应大于30mA。"

建议:设计时太阳能空调、热水系统中所使用的电加热器等电气设备应做等电位接地,其配电回路应采用剩余电流动作保护器,并应自动切断故障电源,额定动作电流值不应大于30mA。

1.1.28 **低温辐射电热膜供暖系统的电热膜配电线路未采用剩余电流动作保护器,不能自动切断故障电源,是否可行?**

结论:属于违反强制性条款的问题。

依据:《低温辐射电热膜供暖系统应用技术规程》JGJ 319—

2013 第 4.8.5 条【强制性条款】要求："电热膜配电线路应采用剩余电流动作保护器，并应自动切断故障电源，剩余动作电流值不应大于 30mA。"

建议：设计时电热膜每个分支配电回路均应采用剩余电流动作保护器，并应自动切断故障电源，剩余动作电流值不应大于 30mA。

1.1.29 需要火灾自动报警系统联动控制的消防设备，未明确其联动触发信号采用两个独立的报警触发装置报警信号的"与"逻辑组合，是否违反强制性条款？

结论：属于违反强制性条款的问题。

依据：《火灾自动报警系统设计规范》GB 50116—2013 第 4.1.6 条【强制性条款】要求："需要火灾自动报警系统联动控制的消防设备，其联动触发信号应采用两个独立的报警触发装置报警信号的'与'逻辑组合。"

建议：本条强制性要求采用两个报警触发装置报警信号的"与"逻辑组合作为自动消防设备、设施的联动触发信号，是保证自动消防设备（设施）的可靠启动的基本技术要求，但该条不宜在火灾自动报警及联动控制系统图和消防平面图中表达出来，因此，设计说明内应明确阐述此要求。

1.1.30 公共广播功率传输线路的绝缘电压等级与额定传输电压不相容，是否违反强制性条款？

结论：属于涉及强制性条款的问题。

依据：《公共广播系统工程技术规范》GB 50526—2010 第 4.2.5 条【强制性条款】要求："公共广播功率传输线路的绝缘电压等级必须与其额定传输电压相容；线路接头不应裸露；电位不等的接头必须分别进行绝缘处理。"

建议：该条文要求公共广播系统设计时必须考虑传输线路绝缘电压等级与额定传输电压相容，采用更高一级的绝缘电压满足"相容"的要求。"线路接头不应裸露；电位不等的接头必须分别进行绝缘处理"则要求工程施工应严格执行该条文，不能认为是弱电系统而忽视以上问题。

1.1.31 当人防工程建筑面积之和大于 5000m² 时，可否不设置人防电站？

结论：属于违反强制性条款的问题。

依据：《人民防空地下室设计规范》GB 50038—2005 第 7.2.11 条第 2 款【强制性条款】要求："救护站、防空专业队工程、人员掩蔽工程、配套工程等防空地下室建筑面积之和大于 5000m² 时应在工程内部设置柴油电站。"

建议：同一项目的多个单体防空地下室的建筑面积之和大于 5000m² 或者新建防空地下室与已建防空地下室的建筑面积之和大于 5000m² 时，均应设置人防电站。设计时容易忽视的是分期建设的项目，新建防空地下室与原先已建成而又未设内部柴油电站的防空地下室的建筑面积要考虑各期人防面积之和是否大于 5000m²，当大于 5000m² 时，应按照规范第 7.2.13 条要求分情况设置不同的人防电站。

1.1.32 当上人屋面符合人员安全疏散的要求时，一类高层建筑出屋面楼梯间未设照明及应急照明，是否违反强制性条款？详见错误图 1.1.32-1。

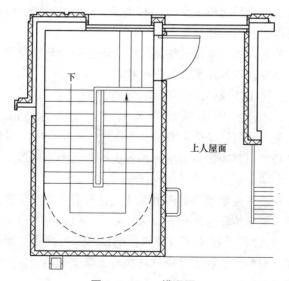

图 1.1.32-1 错误图

结论：属于涉及强制性条款的问题。

依据：根据《建筑设计防火规范（2018 年版）》GB 50016—2014 第 10.3.1 条第 1 款及第 4 款【强制性条款】要求："除建筑高度小于 27m 的住宅建筑外，民用建筑、厂房和丙类仓库的下列部位应设置疏散照明：

1 封闭楼梯间、防烟楼梯间及其前室、消防电梯间的前室及合用前室、避难走道、避难层（间）；

4 公共建筑内的疏散走道。"

建议：本工程为一类高层建筑，设计应补充出屋面楼梯间的疏散照明平面图。详见正确图 1.1.32-2。

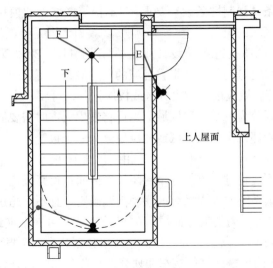

图 1.1.32-2　正确图

1.1.33　消防广播与普通广播合用时，未明确火灾时应强制切入消防广播功能？

结论：属于违反强制性条款问题。

依据：《火灾自动报警系统设计规范》GB 50116—2013 第 4.8.12 条【强制性条款】要求："消防应急广播与普通广播或背景音乐广播合用时，应具有强制切入消防广播的功能。"

建议：由于日常工作需要，很多建筑设置了普通广播或背景音乐广播，为了节约建筑成本，可以在设置消防应急广播时共享相关资源，例如在中小学校设计时，校园广播常与消防广播合用，且广播室与消防控制室常分别设置，易遗漏强制切入的功能。在应急状态时，广播系统必须能够无条件的切换至消防应急广播状态，这是保证消防应急广播信息有效传递的基本技术要求，消防应急广播与普通广播或背景音乐广播合用时，应具有强制切入消防广播的功能。

1.1.34 火灾报警系统模块可否控制多个报警区域的设备？

结论：属于违反强制性条款问题。

依据：《火灾自动报警系统设计规范》GB 50116—2013 第6.8.3条【强制性条款】要求："本报警区域内的模块不应控制其他报警区域的设备。"

《火灾自动报警系统设计规范》GB 50116—2013 第3.3.1条【非强制性条款】要求："报警区域的划分应符合下列规定：

1 报警区域应根据防火分区或楼层划分；可将一个防火分区或一个楼层划分为一个报警区域，也可将发生火灾时需要同时联动消防设备的相邻几个防火分区或楼层划分为一个报警区域。

2 电缆隧道的一个报警区域宜由一个封闭长度区间组成，一个报警区域不应超过相连的3个封闭长度区间；道路隧道的报警区域应根据排烟系统或灭火系统的联动需要确定，且不宜超过150m。

3 甲、乙、丙类液体储罐区的报警区域应由一个储罐区组成，每个50000m³及以上的外浮顶储罐应单独划分为一个报警区域。

4 列车的报警区域应按车厢划分，每节车厢应划分为一个报警区域。"

建议：本报警区域的模块只能控制本报警区域的消防设备，不应控制其他报警区域的消防设备，以免本报警区域发生火灾后影响其他区域受控设备的动作。本报警区域的模块一旦同时控制其他区域的消防设备，不仅可能对其他区域造成不必要的损失，同时也将影响本区域的防、灭火效果，是必须避免的。

设计时火灾报警系统，报警区域内的设备控制应由本报警区域内的模块控制。

1.1.35 消防控制室、消防水泵房、自备发电机房、配电室、防排烟机房以及发生火灾时仍需正常工作的消防设备房未设置备用照明或照度低于正常照明的照度，是否违反强制性条款？加压送风机房是否需执行本条文要求？

结论：属于违反强制性条款的问题。

依据：《建筑设计防火规范（2018 年版）》GB 50016—2014 第 10.3.3 条【强制性条款】要求：“消防控制室、消防水泵房、自备发电机房、配电室、防排烟机房以及发生火灾时仍需正常工作的消防设备房应设置备用照明，其作业面的最低照度不应低于正常照明的照度。”

建议：消防控制室、消防水泵房、自备发电机房等是要在建筑发生火灾时继续保持正常工作的部位，故消防应急照明的照度值仍应保证正常照明的照度要求。加压风机房作为消防设备用房，也应执行该条文规定。

1.1.36 防空地下室内安装的变压器、断路器等高、低压电器设备，未明确采用无油、防潮设备？

结论：属于涉及强制性条款的问题

依据：《人民防空地下室设计规范》GB 50038—2005 第 7.2.9 条【强制性条款】要求：“防空地下室内安装的变压器、断路器、电容器等高、低压电器设备，应采用无油、防潮设备。”

建议：设计说明中应明确上述设备选型要求。

1.1.37 工程中未核实室外消防用水量指标，消防用电负荷等级判定错误，是否违反强制性条款？

结论：属于违反强制性条文的问题。

依据：消防用电的负荷等级，见《建筑设计防火规范（2018 年版）》GB 50016—2014 第 10.1.1 条【强制性条款】及第 10.1.2 条【强制性条款】要求：“10.1.1　下列建筑物的消防用电应按一级负荷供电：

1 建筑高度大于 50m 的乙、丙类厂房和丙类仓库；

2 一类高层民用建筑。

10.1.2　下列建筑物、储罐（区）和堆场的消防用电应按二级负荷供电：

　　1 室外消防用水量大于 30L/s 的厂房（仓库）；

　　2 室外消防用水量大于 35L/s 的可燃材料堆场、可燃气体储罐（区）和甲、乙类液体储罐（区）；

　　3 粮食仓库及粮食筒仓；

　　4 二类高层民用建筑；

　　5 座位数超过 1500 个的电影院、剧场，座位数超过 3000 个的体育馆，任一层建筑面积大于 3000m² 的商店和展览建筑，省（市）级及以上的广播电视、电信和财贸金融建筑，室外消防用水量大于 25L/s 的其他公共建筑。"

　　建议：确定建筑物消防用电负荷等级时，应核实是否适用《建筑设计防火规范（2018 年版）》GB 50016—2014 第 10.1.2 条第 1、5 款，如是，设计师应主动与给水排水专业核实室外消防用水量，确定相应负荷等级。

第 2 节　超高层建筑电气设计涉及强条的错误及解答

1.2.1　超高层建筑避难间未设置消防专线电话和应急广播？

　　结论：属于违反强制性条款的问题。

　　依据：《建筑设计防火规范（2018 年版）》GB 50016—2014 第 5.5.23 条第 7 款【强制性条款】要求："建筑高度大于 100m 的公共建筑，应设置避难层（间），避难层（间）应设置消防专线电话和应急广播。"

　　建议：建筑高度大于 100m 的建筑，使用人员多、竖向疏散距离长，因而需要设置避难层（间）。火灾时需要集聚在避难层的人员密度较大，需要确保应急广播声压级和应急通信畅通，且应急广播应单独线路。

1.2.2　建筑地下或半地下部分与地上部分共用楼梯间时，未在首层分隔地上地下的防火门处设置灯光疏散指示标志，是否违规？

　　结论：属于违反强制性条款的问题。

依据：《建筑设计防火规范（2018 年版）》GB 50016—2014
第 6.4.4 条第 3 款【强制性条款】要求："建筑的地下或半地下部分
与地上部分确需共用楼梯间时，应在首层采用耐火极限不低于
2.00h 的防火隔墙和乙级防火门将地下或半地下部分与地上部分的
连通部位完全分隔，并应设置明显的标志。"其条文说明解释："根
据执行规范过程中出现的问题和火灾时的照明条件，设计要采用灯
光疏散指示标志。"

建议：设计时应在地下与地上分隔乙级防火门处，设置灯光疏
散指示标志。防火门近地下梯段一侧设置出口标志灯，防火门近地
面楼梯平台一侧设置"禁止入内"灯。详见正确图 1.2.2。

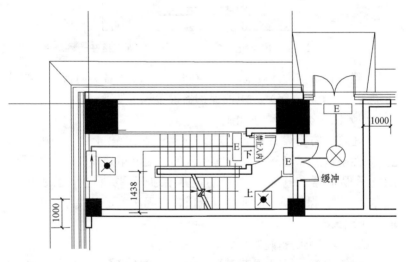

图 1.2.2　正确图

1.2.3　在电气接地装置与防雷接地装置共用或相连的情况下，户 外线路进入建筑物处，电涌保护器未明确为Ⅰ级试验产品， 是否违反强制性条款？

结论：属于违反强制性条款的问题。

依据：《建筑物防雷设计规范》GB 50057—2010 第 6.4.1 条
【非强制性条款】要求："复杂的电气和电子系统中，除在户外线路
进入建筑物处，$LPZ0_A$ 或 $LPZ0_B$ 进入 LPZ1 区，按本规范第 4 章

要求安装电涌保护器外，在其后的配电和信号线路上应按本规范第 6.4.4～第 6.4.8 条确定是否选择和安装与其协调配合好的电涌保护器。"

《建筑物防雷设计规范》GB 50057—2010 第 6.4.3 条【非强制性条款】要求："LPZ1 区内两个 LPZ2 区之间用电气线路或信号线路的屏蔽电缆或屏蔽的电缆沟或穿钢管屏蔽的线路连接在一起，当有屏蔽的线路没有引出 LPZ2 区时，线路的两端可不安装电涌保护器（图 1.2.3-1）。"

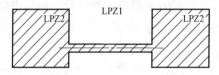

图 1.2.3-1　用屏蔽的线路将两个 LPZ2 区连接在一起

《建筑物防雷设计规范》GB 50057—2010 中各类防雷建筑物低压进线总配电柜（箱）处电涌保护器设置规定如下：

（1）第一类防雷建筑物。

《建筑物防雷设计规范》GB 50057—2010 第 4.2.4 条第 8 款【强制性条款】规定："8 在电源引入的总配电箱处应装设 I 级试验的电涌保护器。电涌保护器的电压保护水平值应小于或等于 2.5kV。每一保护模式的冲击电流值，当无法确定时，冲击电流应取等于或大于 12.5kA。"

（2）第二类防雷建筑物。

《建筑物防雷设计规范》GB 50057—2010 第 4.3.8 条第 4 款【强制性条款】要求：

"4 在电气接地装置与防雷接地装置共用或相连的情况下，应在低压电源线路引入的总配电箱、配电柜处装设 I 级试验的电涌保护器。电涌保护器的电压保护水平值应小于或等于 2.5kV。每一保护模式的冲击电流值，当无法确定时应取等于或大于 12.5kA。

5 当 Yyn0 型或 Dyn11 型接线的配电变压器设在本建筑物内或附设于外墙处时，应在变压器高压侧装设避雷器；在低压侧的配电屏上，当有线路引出本建筑物至其他有独自敷设接地装置的配电装置时，应在母线上装设Ⅰ级试验的电涌保护器，电涌保护器每一保护模式的冲击电流值，当无法确定时冲击电流应取等于或大于12.5kA；当无线路引出本建筑物时，应在母线上装设Ⅱ级试验的电涌保护器，电涌保护器每一保护模式的标称放电电流值应等于或大于5kA。电涌保护器的电压保护水平值应小于或等于2.5kV。"

（3）第三类防雷建筑物。

《建筑物防雷设计规范》GB 50057—2010 第 4.4.7 条第 2 款
【非强制性条款】：

"2 低压电源线路引入的总配电箱、配电柜处装设Ⅰ级试验的电涌保护器，以及配电变压器设在本建筑物内或附设于外墙处，并在低压侧配电屏的母线上装设Ⅰ级试验的电涌保护器时，电涌保护器每一保护模式的冲击电流值，当电源线路无屏蔽层时可按GB 50057—2010 式（4.2.4-6）计算，当有屏蔽层时可按GB 50057—2010 式（4.2.4-7）计算，式中的雷电流应取等于100kA。"

建议：在户外线路进入建筑物处，即 $LPZ0_A$ 或 $LPZ0_B$ 进入 LPZ1 区，低压进线总配电柜（箱）处应装设Ⅰ级试验的电涌保护器。电涌保护器的电压保护水平值小于或等于2.5kV，每一保护模式的冲击电流值取大于或等于12.5kA。详见正确图1.2.3-2。

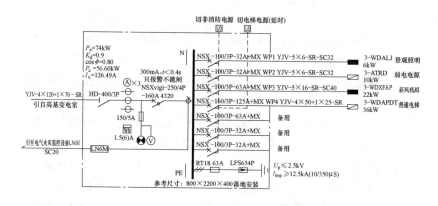

图 1.2.3-2　正确图

1.2.4 哪些消防设备应在消防控制室设置手动直接控制装置？补风机需要吗？

结论：属于涉及强制性条款的问题。

依据：《火灾自动报警系统设计规范》GB 50116—2013 第4.1.4条【强制性条款】要求："消防水泵、防烟和排烟风机的控制设备，除应采用联动控制方式外，还应在消防控制室设置手动直接控制装置。"

《建筑防烟排烟系统技术标准》GB 51251—2017 第5.1.2条【强制性条款】要求："加压送风机的启动应符合下列规定：

1 现场手动启动；

2 通过火灾自动报警系统自动启动；

3 消防控制室手动启动；

4 系统中任一常闭加压送风口开启时，加压风机应能自动启动。"

《建筑防烟排烟系统技术标准》GB 51251—2017 第5.2.2条【强制性条款】要求："排烟风机、补风机的控制方式应符合下列规定：

1 现场手动启动；

2 火灾自动报警系统自动启动；

3 消防控制室手动启动；

4 系统中任一排烟阀或排烟口开启时，排烟风机、补风机自动启动；

5 排烟防火阀在280℃时应自行关闭，并应连锁关闭排烟风机和补风机。"

建议：综上可见，补风机与消防水泵、防烟和排烟风机一样，也需要在消防控制室设置手动直接控制装置。设计实践中，应注意完善以下两方面内容：1）消防水泵、防烟和排烟风机及补风机配电箱的系统图中应表示联动控制方式及引至消防控制室的手动直接控制线路，详见正确图1.2.4-1、图1.2.4-2。2）火灾自动报警平面图、系统图中示出联动控制措施及引至消防控制室手动启停线，详见正确图1.2.4-3。

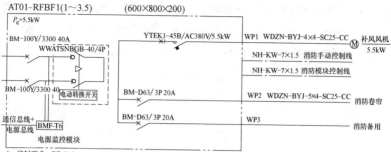

1: 控制要求: BF-1-1。
2: 消防风机回路断路器只带短路保护, 热继电器只作用于报警。
3: 平面图中没有的回路系统图中均为备用。

图 1.2.4-1 正确图

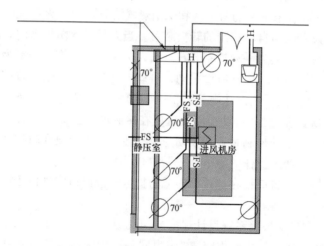

图 1.2.4-2　正确图

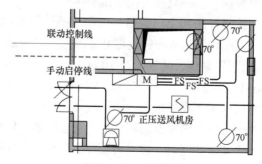

图 1.2.4-3　正确图

1.2.5 变配电室气体灭火系统的联动控制设计有哪些内容，设置管网气体灭火系统的变配电室，未设置机械应急操作装置，是否违反强制性条款？

结论：属于违反强制性条款的问题。

依据：《气体灭火系统设计规范》GB 50370—2005 第 5.0.2 条规定【强制性条款】："管网灭火系统应设自动控制、手动控制和机械应急操作三种启动方式。预制灭火系统应设自动控制和手动控制两种启动方式。"

《气体灭火系统设计规范》GB 50370—2005 第 5.0.4 条规定【强制性条款】："灭火设计浓度或实际使用浓度大于无毒性反应浓度（NOAEL 浓度）的防护区和采用热气溶胶预制灭火系统的防护区，应设手动与自动控制的转换装置。当人员进入防护区时，应能将灭火系统转换为手动控制方式；当人员离开时，应能恢复为自动控制方式。防护区内外应设手动、自动控制状态的显示装置。"

《气体灭火系统设计规范》GB 50370—2005 第 5.0.5 条【非强制性条款】规定："自动控制装置应在接到两个独立的火灾信号后才能启动。手动控制装置和手动与自动转换装置应设在防护区疏散出口的门外便于操作的地方，安装高度为中心点距地面 1.5m。机械应急操作装置应设在储瓶间内或防护区疏散出口门外便于操作的地方。"

《火灾自动报警系统设计规范》GB 50116—2013 第 4.4.2 条第 1 款【非强制性条款】规定："应由同一防护区域内两只独立的火灾探测器的报警信号、一只火灾探测器与一只手动火灾报警按钮的报警信号或防护区外的紧急启动信号，作为系统的联动触发信号。探测器的组合宜采用感烟火灾探测器和感温火灾探测器。"

《火灾自动报警系统设计规范》GB 50116—2013 第 4.4.2 条第 5 款【非强制性条款】规定："气体灭火防护区出口外上方应设置表示气体喷洒的火灾声光警报器，指示气体释放的声信号应与该保护对象中设置的火灾声警报器的声信号有明显区别。启动气体灭火装置、泡沫灭火装置的同时，应启动设置在防护区入口处表示气体喷洒的火灾声光警报器。"

《火灾自动报警系统设计规范》GB 50116—2013 第 4.4.4 条第 1 款【非强制性条款】规定:"气体灭火系统的手动控制方式应符合下列规定:在防护区疏散出口的门外应设置气体灭火装置的手动启动和停止按钮。"

《气体灭火系统设计规范》GB 50370—2005 第 3.2.4 条【非强制性条款】规定:"防护区划分应符合下列规定:

1 防护区宜以单个封闭空间划分;同一区间的吊顶层和地板下需同时保护时,可合为一个防护区;

2 采用管网灭火系统时,一个防护区的面积不宜大于 800m²,且容积不宜大于 3600m³;

3 采用预制灭火系统时,一个防护区的面积不宜大于 500m²,且容积不宜大于 1600m³。"

建议:设置管网气体灭火系统的变配电室,未设置机械应急操作装置,违反《气体灭火系统设计规范》GB 50370—2005 第 5.0.2 条强制性条款的要求。

变配电室气体灭火系统的联动控制设计应注意下列问题,由上述规范可见,变配电室应根据防护区面积和容积确定是采用预制灭火系统还是管网灭火系统(见《气体灭火系统设计规范》GB 50370—2005 第 3.2.4 条),而两种灭火系统不同,启动方式也不同(见《气体灭火系统设计规范》GB 50370—2005 第 5.0.2 条)。无论哪种系统、如何启动,均应在设有气体灭火系统的变配电室门外便于操作的地方设置手动与自动控制转换装置(见 GB 50370—2005 第 5.0.5 条),管网灭火系统还应在储瓶间内或防护区疏散出口门外便于操作的地方设置机械应急操作装置(见《气体灭火系统设计规范》GB 50370—2005 第 5.0.5 条)。设计实践中,变配电室应由两只独立的火灾探测器的报警信号、一只火灾探测器与一只手动火灾报警按钮的报警信号或防护区外的紧急启动信号,作为系统的联动触发信号。我们常采用感烟火灾探测器和感温火灾探测器组合使用的方式进行设计(见《火灾自动报警系统设计规范》GB 50116—2013 第 4.4.2 条第 1 款),还应在气体灭火防护区出口外上方设置表示气体喷洒的火灾声光警报器,此警报器应区别于火灾

声警报器（见《火灾自动报警系统设计规范》GB 50116—2013
第4.4.2条第5款），且在防护区疏散出口的门外应设置气体灭火
装置的手动启动和停止按钮（见《火灾自动报警系统设计规范》
GB 50116—2013第4.4.4条第1款）。

1.2.6 **消防用电设备应采用专用的供电回路，诸如智能控制配电
箱、航空障碍灯、强弱电竖井检修插座、一氧化碳浓度控
制器、无障碍卫生间照明支线等接入消防用电设备配电箱，
是否违反强制性条款？详见错误图1.2.6-1。**

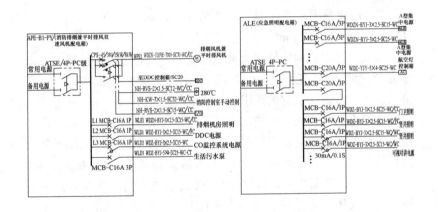

图1.2.6-1　错误图

结论：属于违反强制性条款的问题。

依据：《建筑设计防火规范（2018年版）》GB 50016—2014第
10.1.6条【强制性条款】要求："消防用电设备应采用专用的供电
回路，当建筑内的生产、生活用电被切断时，应仍能保证消防
用电。"

建议：为确保消防用电设备供电可靠性，消防用电设备的专用
供电回路从本楼低压总（分）配电室至消防设备或消防设备用房最
末级配电箱的配电线路，与一般配电线路严格分开，详见正确
图1.2.6-2。

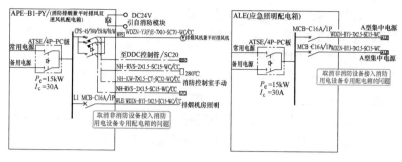

图 1.2.6-2　正确图

1.2.7　超高层建筑内，安装于消防控制室外的控制器，每台火灾控制器的控制对象可否跨越避难层？

结论：属于违反强制性条款的问题。

依据：《火灾自动报警系统设计规范》GB 50116—2013 第 3.1.7 条【强制性条款】要求："高度超过 100m 的建筑中，除消防控制室内设置的控制器外，每台控制器直接控制的火灾探测器、手动报警按钮和模块等设备不应跨越避难层。"

建议：本条根据高度超过 100m 的建筑火灾扑救和人员疏散难度较大的现实情况，对设置的消防设施运行的可靠性提出了更高的要求。

对于高度超过 100m 的建筑，为便于火灾条件下消防联动控制的操作，防止受控设备的误动作，在现场设置的火灾报警控制器应分区控制，所连接的火灾探测器、手动报警按钮和模块等设备不应跨越火灾控制器所在区域的避难层。值得注意的是，如火灾控制器安装在消防控制室内，不受本条款的限制。

第3节　高铁站建筑电气设计涉及强条的错误及解答

1.3.1　交通建筑内，应急照明负荷等级未按建筑的最高负荷等级供电，是否违反强制性条款？

结论：属于违反强制性条款问题。

依据：《交通建筑电气设计规范》JGJ 243—2011 第 8.4.2 条【强制性条款】要求："应急照明的配电应按相应建筑的最高级别负荷电源供给，且能自动投入。"

建议：设计师提到消防应急照明，一般会根据《建筑设计防火规范（2018 年版）》GB 50016—2014 第 10.1.1～第 10.1.3 条判定消防负荷等级，但交通建筑有其特殊约定，易被设计师忽略：交通建筑应急照明的配电级别，应按该建筑最高级别负荷电源供给，且能自动投入。

1.3.2 火灾自动报警系统不同电压等级的线缆合用槽盒时未用隔板分开，是否违规？

结论：属于违反强制性条款的问题。

依据：《火灾自动报警系统设计规范》GB 50116—2013 第 11.2.5 条【强制性条款】要求："不同电压等级的线缆不应穿入同一根保护管内，当合用同一线槽时，线槽内应有隔板分隔。"

《建筑电气工程施工质量验收规范》GB 50303—2015 第 14.1.2 条【非强制性条款】要求："除设计要求以外，不同回路、不同电压等级和交流与直流线路的绝缘导线不应穿于同一导管内。"

建议：设计时应确定火灾自动报警系统的报警总线线路、供电线路、消防联动控制线路等传输线路的电压等级，不同电压等级的线缆当合用同一线槽时，线槽内应有隔板分隔。由于消防应急广播系统和消防专用电话系统属于不同系统回路，当与上述系统合用线槽时，也应进行隔板分隔。采用穿管保护时，均应分管敷设。

1.3.3 净高大于 0.8m 且有可燃物的闷顶或吊顶内未设置火灾自动报警系统，是否违反强制性条款？

结论：属于违反强制性条款的问题。

依据：《建筑设计防火规范（2018 年版）》GB 50016—2014 第 8.4.1 条第 9 款【强制性条款】要求："净高大于 2.6m 且可燃物较多的技术夹层，净高大于 0.8m 且有可燃物的闷顶或吊顶内（应设置火灾自动报警系统）。"

建议：上述规范提到的场所应补充设置火灾自动报警系统。对于吊顶或闷顶内是否存在可燃物的判定，可参考《建筑内部装修设计防火规范》GB 50222—2017 第 5.1.1 条的相关规定及《建筑材料及制品燃烧性能分级》GB 8624—2012 第 4 章的规定。如装饰装修材料采用燃烧性能等级 B2（可燃）或 B3（易燃）的材料，则需引起足够重视。

1.3.4 成排布置的配电屏两出口间长度超过 **15m**，是否可行？详见错误图 **1.3.4-1**。

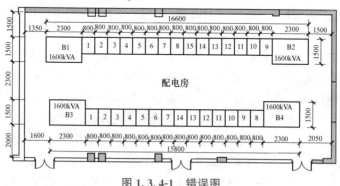

图 1.3.4-1　错误图

结论：属于违反强制性条款的问题。

依据：《民用建筑电气设计标准》GB 51348—2019 第 4.7.3 条【强制性条款】要求："当成排布置的配电柜长度大于 6m 时，柜后面的通道应设置两个出口。当两个出口之间的距离大于 15m 时，尚应增加出口。"

建议：当配电屏长度超过 15m 时，应调整配电屏平面布置，可在配电屏中间增加通道。详见正确图 1.3.4-2。

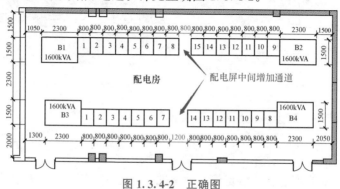

图 1.3.4-2　正确图

第4节 机场建筑电气设计涉及强条的错误及解答

1.4.1 变配电室气体灭火系统的管网未明确设置防静电接地?

结论:属于违反强制性条款的问题。

依据:《气体灭火系统设计规范》GB 50370—2005 第 6.0.6 条 【强制性条款】要求:"经过有爆炸危险和变电、配电场所的管网,以及布设在以上场所的金属箱体等,应设防静电接地。"

建议:根据规范要求,变配电室气体灭火系统的管网,以及布设在以上场所的金属箱体,应在设计说明及接地平面图中明确设置防静电接地。防静电接地要求可根据《防静电工程施工与质量验收规范》GB 50944—2013 第 13.2 节的要求设计和施工,防静电工程接地宜采用联合接地系统,接地系统中应有防雷措施,并应采用等电位连接。涉及人身安全的防静电接地必须采取软接地措施。

1.4.2 地面上安装的方向标志灯设计时有何规定,在施工阶段应注意何问题? 某大型公共建筑在主要疏散路径的地面上设置的能保持视觉连续的疏散指示标志,图中部分标志灯未安装在疏散走道、通道的中心位置,是否可行? 详见错误图 1.4.2-1。

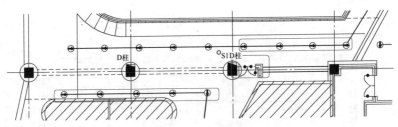

图 1.4.2-1 错误图

结论:属于涉及强制性条文的问题。

依据:《消防应急照明和疏散指示系统技术标准》GB 51309—2018 第 4.5.11 条第 6 款【强制性条款】规定:

" 6 当安装在疏散走道、通道的地面上时,应符合下列规定:

1）标志灯应安装在疏散走道、通道的中心位置；

2）标志灯的所有金属构件应采用耐腐蚀构件或做防腐处理，标志灯配电、通信线路的连接应采用密封胶密封；

3）标志灯表面应与地面平行，高于地面距离不应大于 3mm，标志灯边缘与地面垂直距离高度不应大于 1mm。"

《消防应急照明和疏散指示系统技术标准》GB 51309—2018第 3.2.1 条第 4、5、7 款【非强制性条款】规定："地面上设置的标志灯应选择集中电源 A 型灯具；地面上设置的标志灯的面板可采用厚度 4mm 及以上的钢化玻璃；在室外或地面上设置时，防护等级不应低于 IP67。"

《消防应急照明和疏散指示系统技术标准》GB 51309—2018第 3.2.9 条第 3 款【非强制性条款】条文说明表示："现行国家标准《建筑设计防火规范》GB 50016 中规定设置保持视觉连续方向标志灯的场所中，方向标志灯应设置在疏散走道、疏散通道的中心位置，且为了保持人员对方向标志灯视觉识别的连续性，灯具的设置间距不应大于 3m。"

建议：综上，设计图纸应将标志灯移至疏散走道、通道的中心位置；标志灯不应指向作为防火分隔的防火卷帘处，而应指向就近的疏散出口；并应于设计说明中明确地面安装标志灯的技术要求：应选择集中电源 A 型灯具（不应采用蓄光型）；地面上设置的标志灯的面板可采用厚度 4mm 及以上的钢化玻璃；灯具防护等级不应低于 IP67，保持视觉连续的方向标志灯灯具的设置间距不应大于 3m，详见正确图 1.4.2-2。

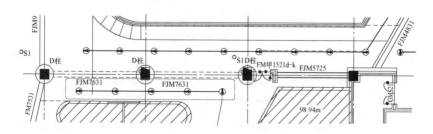

图 1.4.2-2 正确图

1.4.3 建筑物内地下室及裙房通常设置四跑楼梯，转台遗漏应急照明灯及疏散指示标志灯，是否违规？

结论：属于涉及强制性条款的问题。

依据：《建筑设计防火规范（2018 年版）》GB 50016—2014 第 10.3.1 条第 1 款【强制性条款】要求："除建筑高度小于 27m 的住宅建筑外，民用建筑、厂房和丙类仓库的下列部位应设置疏散照明：

1 封闭楼梯间、防烟楼梯间及其前室、消防电梯间的前室或合用前室、避难走道、避难层（间）。"

建议：对于设置多跑楼梯的建筑物，电气设计应提供不同标高的楼梯间消防应急照明灯具布置平面图，以免施工中遗漏，影响火灾时人员疏散，详见正确图 1.4.3-1。

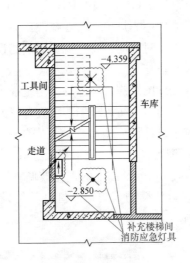

图 1.4.3-1　正确图

1.4.4 视频监控系统的存储时间定为 15d，可否满足规范要求？

结论：属于违反强制性条款的问题。

依据：《安全防范工程技术标准》GB 50348—2018 第 6.4.5 条第 7 款【强制性条款】要求："防范恐怖袭击重点目标的视频图像

信息保存期限不应少于 90d，其他目标的视频图像信息保存期限不应少于 30d。"该条条文解释指出："本条所说的'保存期限'是指视频图像信息在系统中的连续存储时间，而不是指档案生成后的保存期限。"

《中华人民共和国反恐怖主义法》第三十一条规定："公安机关应当会同有关部门，将遭受恐怖袭击的可能性较大以及遭受恐怖袭击可能造成重大的人身伤亡、财产损失或者社会影响的单位、场所、活动、设施等确定为防范恐怖袭击的重点目标。"第三十四条提及："大型活动承办单位以及重点目标的管理单位应当依照规定，对进入大型活动场所、机场、火车站、码头、城市轨道交通站、公路长途客运站、口岸等重点目标的人员、物品和交通工具进行安全检查。"

建议：防范恐怖袭击重点目标由公安机关确定，一般有大型活动场所、机场、火车站、码头、城市轨道交通站、公路长途客运站、口岸等，包含重要公共建筑、重点要害部位、公共基础设施、公众聚集场所，以及公安机关确定的其他相关场所。以上场所或区域的视频图像信息保存期限不应少于 90d。其他目标，比如住宅、普通厂房、小型商业等场所的视频图像信息保存期限不应少于 30d。

1.4.5 柴油发电机房设计时未明确储油间储油量不大于 $1m^3$，是否可行？

结论：属于涉及强制性条款的问题。

依据：《建筑设计防火规范（2018 年版）》GB 50016—2014 第 5.4.13 条第 4 款【强制性条款】要求："（布置在民用建筑内的柴油发电机房）机房内设置储油间时，其总储存量不应大于 $1m^3$。"

建议：在设计文件中应依据规范在图纸中增加相应说明，对储油间的总储存量不大于 $1m^3$ 加以明确（储油间的总储存量是指一个机房内的储存量），同时应根据发电机的容量及其供电对象的持续供电时间要求核算储油量，如不满足要求，应设置室外储油罐或输油设施。

第5节 客运站建筑电气设计涉及强条的错误及解答

1.5.1 铁路旅客车站的走道、天桥、地道未设置疏散照明，是否违反强制性条款？详见错误图 1.5.1-1。

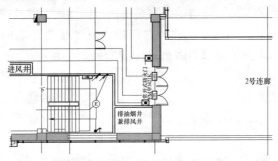

图 1.5.1-1 错误图

结论：属于违反强制性条款的问题

依据：《铁路旅客车站建筑设计规范》GB 50226—2007 第8.3.4第2款【强制性条款】要求："旅客车站疏散和安全照明应有自动投入使用的功能，并应符合下列规定：

2 各出入口、楼梯、走道、天桥、地道应设疏散照明。"

建议：在设计铁路旅客车站时，应注意此本规范的具体要求，详见正确图 1.5.1-2。

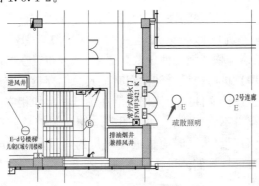

图 1.5.1-2 正确图

1.5.2 安防消防共用控制室时，安防设备电源可以引自消防控制室双电源互投箱吗？

结论：属于违反强制性条款的问题。

依据：《建筑设计防火规范（2018 年版）》GB 50016—2014 第 10.1.6 条【强制性条款】要求："消防用电设备应采用专用的供电回路，当建筑内的生产、生活用电被切断时，应仍能保证消防用电。备用消防电源的供电时间和容量，应满足该建筑火灾延续时间内各消防用电设备的要求。"

建议：安防消防共用控制室时，消防控制室双电源互投箱和安防设备配电箱应分别设置，消防控制室双电源互投箱应采用专用消防供电回路，设置消防电源监控，注明消防专用，备用回路注明消防备用；安防设备配电箱除为安防系统设备供电外，还为安防消防控制室内插座、空调等非消防负荷供电。详见正确图 1.5.2-1、图 1.5.2-2。

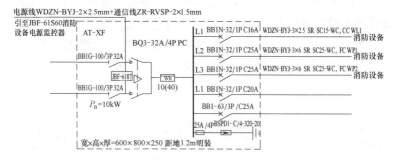

图 1.5.2-1　正确图

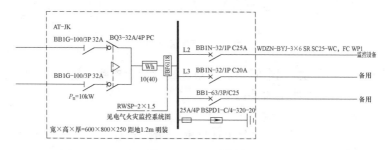

图 1.5.2-2　正确图

1.5.3 应急照明配电箱输出回路接入系统以外的开关装置、插座及其他负载，是否可行？详见错误图1.5.3-1。

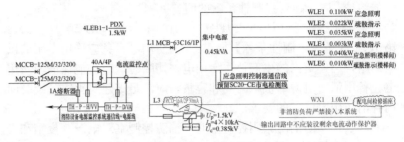

图 1.5.3-1 错误图

结论：属于违反强制性条款的问题。

依据：《消防应急照明和疏散指示系统技术标准》GB 51309—2018 第 3.3.2 条【强制性条款】要求："应急照明配电箱或集中电源的输入及输出回路中不应装设剩余电流动作保护器，输出回路严禁接入系统以外的开关装置、插座及其他负载。"

建议：设计师应注意应急照明配电箱输出回路不应接入系统以外的开关装置、插座及其他负载。详见正确图1.5.3-2。

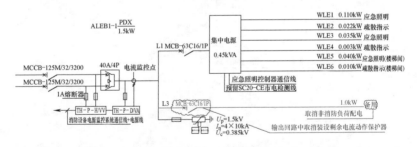

图 1.5.3-2 正确图

1.5.4 消防动力配电回路断路器过载时切断电路，是否可行？详见错误图1.5.4-1。

结论：属于违反强制性条款的问题。

依据：《民用建筑电气设计标准》GB 51348—2019 第 7.6.3 条【强制性条款】要求："对于突然断电比过负荷造成的损失更大的线

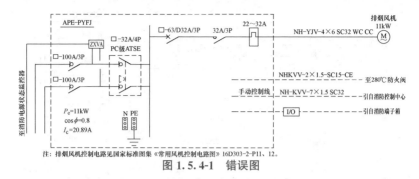

注：排烟风机控制电路见国家标准图集《常用风机控制电路图》16D303-2-P11、12。

图 1.5.4-1　错误图

路，不应设置过负荷保护。"

建议：消防负荷突然断电损失比过负荷造成的损失更严重，因此消防负荷配电回路，过负荷保护作用于报警信号而不切断电路；消防风机用于过载保护的热继电器等其他元件，其过载保护作用于报警信号，不切断电路。详见正确图 1.5.4-2。

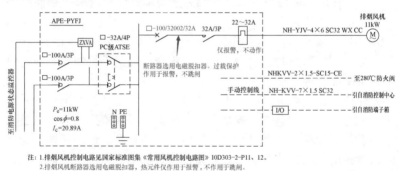

注：1.排烟风机控制电路见国家标准图集《常用风机控制电路图》10D303-2-P11、12。
　　2.排烟风机断路器选用电磁脱扣器，热元件仅作用于报警，不作用于跳闸。

图 1.5.4-2　正确图

第6节　体育馆建筑电气设计涉及强条的错误及解答

1.6.1　观众席、运动场地安全照明、场外疏散平台的疏散照明未配置，观众席和运动场地安全照明的平均水平照度值不满足要求，详见错误图 1.6.1-1。

结论：属于违反强制性条款的问题。

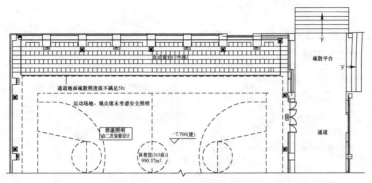

图 1.6.1-1　错误图

依据：（1）《体育建筑电气设计规范》JGJ 354—2014 第 9.1.4 条【强制性条款】要求："体育建筑的应急照明应符合下列规定：

1 观众席和运动场地安全照明的平均水平照度值不应低于 20lx；

2 体育场馆出口及其通道、场外疏散平台的疏散照明地面最低水平照度值不应低于 5lx。"

（2）《体育场馆照明设计及检测标准》JGJ 153—2016 第 4.4.11 条【强制性条款】要求："观众席和运动场地安全照明的平均水平照度值不应小于 20lx。"

建议：特别要关注的是不少体育场馆设置场外疏散平台，平台距地面存在一定的高差，观众大多对场馆内场地陌生，人员失足坠地将有伤亡危险。电气设计时首先应了解观众席、运动场地、场外疏散平台的疏散方式，从而合理布设体育场馆疏散照明，详见正确图 1.6.1-2。

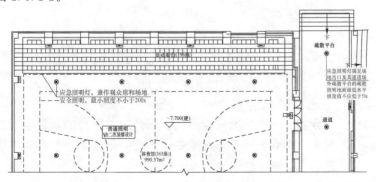

图 1.6.1-2　正确图

1.6.2 哪些建筑应该按照人员密集的公共建筑物确定防雷分类？某新建医院门诊部，经计算预计雷击次数为 0.0841 次/a，设计按照第三类防雷建筑物设置防雷措施，是否违反强制性条款？

结论：属于违反强制性条文的问题。

依据：建筑物应根据建筑物的重要性、使用性质、发生雷电事故的可能性和后果，按防雷要求分为三类。其中第二类、第三类防雷建筑物中涉及人员密集的公共建筑物，见《建筑物防雷设计规范》GB 50057—2010 第 3.0.3 条【强制性条款】、第 3.0.4 条【强制性条款】相关规定：

第 3.0.3 条："在可能发生对地闪击的地区，遇下列情况之一时，应划为第二类防雷建筑物：

9 预计雷击次数大于 0.05 次/a 的部、省级办公建筑物和其他重要或人员密集的公共建筑物以及火灾危险场所。

10 预计雷击次数大于 0.25 次/a 的住宅、办公楼等一般性民用建筑物或一般性工业建筑物。"

第 3.0.4 条："在可能发生对地闪击的地区，遇下列情况之一时，应划为第三类防雷建筑物：

2 预计雷击次数大于或等于 0.01 次/a，且小于或等于 0.05 次/a 的部、省级办公建筑物和其他重要或人员密集的公共建筑物，以及火灾危险场所。

3 预计雷击次数大于或等于 0.05 次/a，且小于或等于 0.25 次/a 的住宅、办公楼等一般性民用建筑物或一般性工业建筑物。"

建议：由以上两条强制性条文的规定可知，在年预计雷击次数相同的情况下，人员密集的公共建筑物防雷等级有可能高于一般性民用建筑物，因此确定建筑防雷等级时需明确该建筑是否属于人员密集的公共建筑物。《建筑物防雷设计规范》GB 50057—2010 第 3.0.3 条第 9 款条文说明明确了防雷等级划分中所提的人员密集的公共建筑物，是指如集会、展览、博览、体育、商业、影剧院、医院、学校等建筑物。

本项目医院门诊部属于人员密集的公共建筑物，其预计雷击次数大于 0.05 次/a，应划为第二类防雷建筑物，需按照第二类防雷建筑物调整现有防雷措施。

1.6.3 专设防雷引下线的间距是二者之间的直线距离吗？建筑物专设防雷引下线间距没有按周长计算，二类防雷建筑专设引下线间距超 18m；三类防雷建筑专设引下线间距超 25m，是否违反强制性规范？

结论：属于违反强制性条款的问题。

依据：《建筑物防雷设计规范》GB 50057—2010 第 4.3.3 条【强制性条款】要求："专设引下线不应少于 2 根，并应按建筑物四周和内庭院四周均匀对称布置，其间距沿周长计算不应大于 18m。"第 4.4.3 条要求："专设引下线不应少于 2 根，并应按建筑物四周和内庭院四周均匀对称布置，其间距沿周长计算不应大于 25m。"

建议：专设引下线间距应沿周长进行计算。

第 7 节 游泳馆建筑电气设计涉及强条的错误及解答

1.7.1 游泳馆装设 LED 显示屏未明确防腐蚀措施，是否违反强制性条款？

结论：属于违反强制性条款的问题。

依据：《视频显示系统工程技术规范》GB 50464—2008 第 4.2.3 条第 5 款【强制性条款】要求："LED 视频显示屏系统的安全性设计应符合下列规定：处于游泳馆、沿海地区等腐蚀性环境的 LED 视频显示屏应采取防腐蚀措施。"

建议：设计说明中应明确 LED 显示屏采取防腐蚀措施。在使用过程中，湿度过大易使 LED 显示屏的 PCB 板、电源、电源线等零器件因被氧化腐蚀而产生故障，因此制作 LED 显示屏时，其 PCB 板应做好防腐蚀处理，比如表面涂三防漆等，电源和电源线要选用优质的配件，选用的防水箱体，密封性要好，屏体应达到 IP65。焊接处是最容易被腐蚀的地方，要注意做好防护工作，特别提出的是框架,容易生锈,要做好防锈处理。

1.7.2 游泳池及类似场所水下照明设备选用防触电等级为Ⅰ类的灯具,是否可行?

结论:属于违反强制性条款的问题。

依据:《体育建筑电气设计规范》JGJ 354—2014 第7.2.1条【强制性条款】要求:"跳水池、游泳池、戏水池、冲浪池及类似场所水下照明设备应选用防触电等级为Ⅲ类的灯具,其配电应采用安全特低电压(SELV)系统,标称电压不应超过12V,安全特低电压电源应设在2区以外的地方。"

建议:跳水池、游泳池、戏水池、冲浪池及类似场所属于潮湿场所,电器的绝缘容易受潮,其水下照明设备应选用防触电等级为Ⅲ类的灯具。Ⅲ类灯具是指所使用电源为安全特低电压,并且灯具内部不会产生高于50V的安全特低电压(SELV),不可能发生直接接触电击和间接接触电击事故。当灯具安装在游泳池内时灯具与水体接触,为了达到游泳池及类似场所水下照明设备其配电标称电压不应超过12V的要求,应采用安全隔离变压器,将220V电压经变压器降为12V特低电压,且配电箱、安全隔离变压器应设置在2区以外的场所。详见正确图1.7.2。

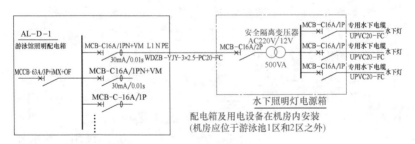

图1.7.2 正确图

1.7.3 当游泳池池水采用顺流式池水循环方式时,安全救护员座位附近没有设置停止循环水泵的装置,没有标明装置供电电压要求,是否违反强制性条款?详见错误图**1.7.3-1**。

结论:属于违反强制性条款的问题。

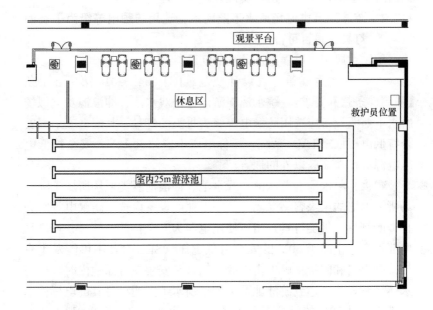

图 1.7.3-1 错误图

依据：《游泳池给水排水工程技术规程》CJJ 122—2017 第 4.3.4 条【强制性条款】要求："当池水采用顺流式池水循环方式，应在位于安全救护员座位的附近墙壁上安装带有玻璃保护罩的紧急停止循环水泵的装置。其供电电压不应超过 36V。"

《建筑物电气装置第 7 部分：特殊装置或场所的要求第 702 节：游泳池和喷泉》GB 16895.19—2017 第 702.30.101 条"预期让人进入喷泉的水池和积水处，按游泳池 0 区和 1 区的规定和要求执行。"第 702.410.3.101.1 条"0 区和 1 区只允许采用标称电压不大于交流 12V 或直流 30V 的 SELV 保护方式。"

建议：当游泳池池水采用顺流式池水循环方式时，在安全救护员座位的附近墙壁上增设安装带有玻璃保护罩的紧急停止循环水泵的装置，如在 1 区宜使用直流 24V 安全特低电压。详见正确图 1.7.3-2。

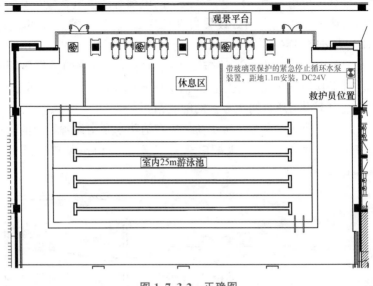

图 1.7.3-2　正确图

1.7.4 消防泵为二级负荷时，未在最末一级配电箱处设置自动切换装置，是否满足规范要求？详见错误图 **1.7.4-1**。

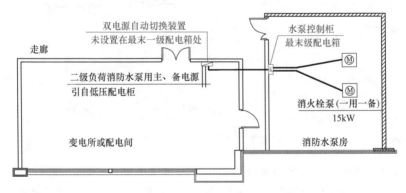

图 1.7.4-1　错误图

结论：属于违反强制性条款的问题。

依据：《建筑设计防火规范（2018 年版）》GB 50016—2014
第 10.1.8 条【强制性条款】要求："消防控制室、消防水泵房、防烟和排烟风机房的消防用电设备及消防电梯等的供电，应在其配电线路的最末一级配电箱处设置自动切换装置。"其条文说明表示："对于消防控制室、消防水泵房、防烟和排烟风机房的消防用电设备及消防电梯等，为上述消防设备或消防设备室处的最末级配电箱；对于其他消防设备用电，如消防应急照明和疏散指示标志等，为这些用电设备所在防火分区的配电箱。"

建议：消防水泵为二级负荷，应在消防水泵房设备处或消防水泵控制配电室的最末一级配电箱处设置自动切换装置。详见正确图1.7.4-2。

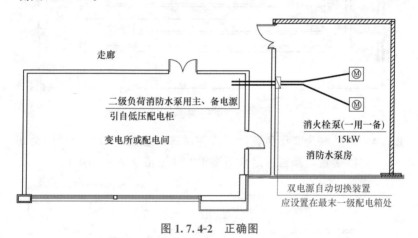

图1.7.4-2　正确图

第8节　体育场建筑电气设计涉及强
条的错误及解答

1.8.1 体育场馆出口及其通道属于人员密集场所，其疏散照明最低地面水平照度值不低于3lx，是否正确？体育场看台及出口处漏设照明装置，是否违反强制性条款？

结论：属于违反强制性条款的问题。

依据：《体育场馆照明设计及检测标准》JGJ 153—2016第4.4.11条【强制性条款】要求："观众席和运动场地安全照明的

平均水平照度值不应小于20lx。"

《体育场馆照明设计及检测标准》JGJ 153—2016 第 4.4.12 条
【强制性条款】要求："体育场馆出口及其通道的疏散照明最小水平
照度值不应小于5lx。"

建议：根据上述规范要求，体育场馆出口及其通道的疏散照明
最低地面水平照度值不应低于5lx。体育场看台及出口处不仅应设
置一般照明设计，还应设置一定数量的安全照明，以保证观众席和
运动场地安全照明的平均水平照度值不应小于20lx。

第9节　博物馆建筑电气设计涉及强条的错误及解答

1.9.1 展柜内的陈列灯具未作防火要求说明，是否违反强制性条款？详见错误图 **1.9.1-1**。

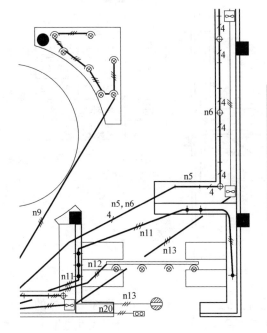

图例说明

图例	名称	预留功率
⊗	专用射灯	100W/盏
✦	石英灯	100W/盏
⊗	导轨射灯	100W/盏
⋈	温控排气扇	30W
▭▭	自动卷闸接线盒	

图 1.9.1-1　错误图

结论：属于涉及强制性条款的问题。

依据：《建筑设计防火规范》GB 50016—2014（2018 版）第 10.2.4 条【强制性条款】要求："开关、插座和照明灯具靠近可燃物时，应采取隔热、散热等防火措施。卤钨灯和额定功率不小于 100W 的白炽灯泡的吸顶灯、槽灯、嵌入式灯，其引入线应采用瓷管、矿棉等不燃材料作隔热保护。额定功率不小于 60W 的白炽灯、卤钨灯、高压钠灯、金属卤化物灯、荧光高压汞灯（包括电感镇流器）等，不应直接安装在可燃物体上或采取其他防火措施。"

建议：在图中补充展柜灯具设计要求。详见正确图 1.9.1-2。

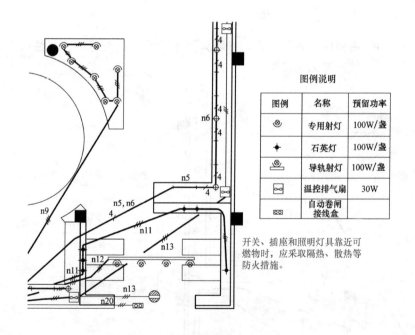

图例说明

图例	名称	预留功率
⊗	专用射灯	100W/盏
✦	石英灯	100W/盏
⚎	导轨射灯	100W/盏
☐	温控排气扇	30W
⊡	自动卷闸接线盒	

开关、插座和照明灯具靠近可燃物时，应采取隔热、散热等防火措施。

图 1.9.1-2　正确图

1.9.2　出入口控制系统执行部分的输入线缆，在受控区以外的部分采用 PVC 管敷设，是否可行？详见错误图 1.9.2-1。

结论：属于违反强制性条款的问题。

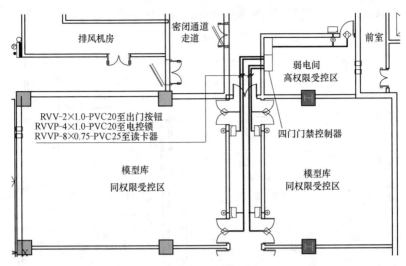

RVV-2×1.0-PVC20至出门按钮
RVVP-4×1.0-PVC20至电控锁
RVVP-8×0.75-PVC25至读卡器

图 1.9.2-1　错误图

依据：《安全防范工程技术标准》GB 50348—2018 第 6.13.4 条第 6 款【强制性条款】要求："布线设计应符合下列规定：

6 出入口执行部分的输入线缆在该出入口的对应受控区、同权限受控区、高权限受控区以外的部分应封闭保护，其保护结构的抗拉伸、抗弯折强度不应低于镀锌钢管。"

《出入口控制系统工程设计规范》GB 50396—2007 第 7.0.4 条【强制性条款】要求："执行部分的输入电缆在该出入口的对应受控区、同级别受控区或高级别受控区外的部分，应封闭保护，其保护结构的抗拉伸、抗弯折强度应不低于镀锌钢管。"

建议：设计出入口控制系统时，应进行安全等级的划分，确定受控区、同权限受控区、高权限受控区。应尽量将出入口控制器安装在本受控区内，若必须安装在本受控区外，则应安装在同权限或高权限受控区内，且出入口执行部分的输入线缆在该出入口的对应受控区、同权限受控区、高权限受控区以外的部分应封闭保护，其保护结构的抗拉伸、抗弯折强度不应低于镀锌钢管。错误图 1.9.2-1 中，走道属于对应受控区、同权限受控区、高权限受控区以外的部分，因此执行部分的输入线缆（电控锁输入电缆），在走道区域应采用镀锌钢管埋墙或板暗敷设，其他线缆也建议一并采用镀锌钢管敷设。详见正确图 1.9.2-2。

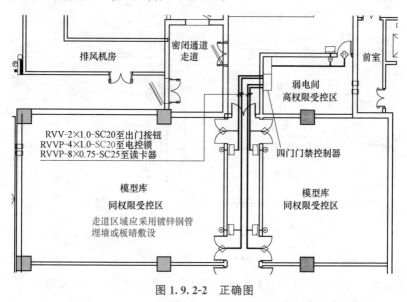

排风机房

密闭通道
走道

前室

弱电间
高权限受控区

RVV-2×1.0-SC20至出门按钮
RVVP-4×1.0-SC20至电控锁
RVVP-8×0.75-SC25至读卡器

四门门禁控制器

模型库
同权限受控区

走道区域应采用镀锌钢管
埋墙或板暗敷设

模型库
同权限受控区

图 1.9.2-2　正确图

第 10 节　综合体建筑电气设计涉及强条的错误及解答

1.10.1　银行自动柜员机室及自助银行未设置视频监控装置、出入口控制装置和入侵报警装置，是否可行？

结论：属于违反强制性条款的问题。

依据：《金融建筑电气设计规范》JGJ 284—2012 第 19.2.1 条【强制性条款】要求："自助银行及自动柜员机室的现金装填区域应设置视频安全监控装置、出入口控制装置和入侵报警装置，且应具备与 110 报警系统联网功能。"

建议：自助银行及自动柜员机室的现金装填区域属于高风险场所，必须设置完善的安全技术防范设施，以遏制恶性犯罪案件的发生，同时也便于警方快速反应和案情追查。

1.10.2 大型综合体的地下室面积大于 2 万 m², 地下室疏散照明连续供电时间仅为 0.5h, 是否违反强制性条款?

结论: 属于违反强制性条款的问题。

依据:《建筑设计防火规范 (2018 年版)》GB 50016—2014 第 10.1.5 条第 2 款【强制性条款】要求:"建筑内消防应急照明和灯光疏散指示标志的备用电源的连续供电时间应符合下列规定:

2 医疗建筑、老年人照料设施、总建筑面积大于 100000m² 的公共建筑和总建筑面积大于 20000m² 的地下、半地下建筑, 不应少于 1.00h。"

建议: 面积大于 2 万 m² 的地下室因疏散距离较长, 为确保人员的安全疏散, 疏散照明备用电源的连续供电时间有所提高。设计时通常是采用集中电源作为地下室疏散照明的备用电源, 应满足连续供电时间不小于 1.0h 的要求。

1.10.3 人防工程未见设置消防排水泵, 是否有误? 详见错误图 1.10.3-1。

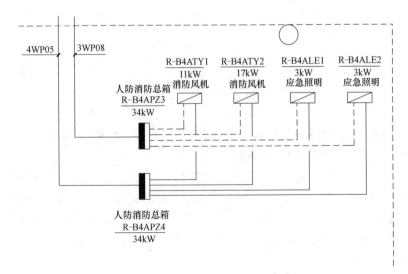

图 1.10.3-1 错误图

结论：属于违反强制性条款的问题。

依据：《人民防空工程设计防火规范》GB 50098—2009 第7.8.1条【强制性条款】要求："设置有消防给水的人防工程，必须设置消防排水设施。"

建议：人防工程设计时，应先与给水排水专业核实污水泵用途，在设置有消防给水的人防工程内，应有消防排水设施，消防排水泵的电源应引自消防专线。详见正确图1.10.3-2。

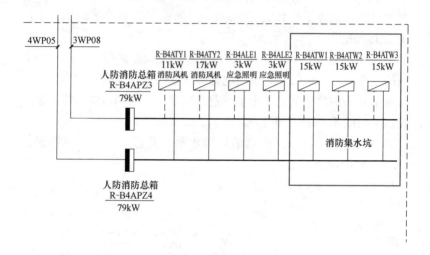

图1.10.3-2　正确图

1.10.4　消防风机配电盘手动直启线可否采用 ZR-KVV 电缆？

结论：属于违反强制性条款的问题。

依据：《火灾自动报警系统设计规范》GB 50116—2013 第11.2.2条【强制性条款】要求："火灾自动报警系统的供电线路、消防联动控制线路应采用耐火铜芯电线电缆，报警总线、消防应急广播和消防专用电话等传输线路应采用阻燃或阻燃耐火电线电缆。"

建议：消防风机配电盘手动直启线等各类涉及消防联动控制的室内线路，均应采用耐火铜芯电线电缆。

1.10.5 疏散楼梯间内可否设置明装配电盘？如不可以，改为暗装是否可满足规范要求？

结论：属于违反强制性条款的问题。

依据：《建筑设计防火规范（2018 年版）》GB 50016—2014 第 6.4.1 条第 3 款【强制性条款】要求："（疏散）楼梯间内不应有影响疏散的凸出物或其他障碍物。"

《建筑设计防火规范（2018 年版）》GB 50016—2014 第 6.4.2 条第 2 款【强制性条款】要求："（封闭楼梯间）除楼梯间的出入口和外窗外，楼梯间的墙上不应开设其他门、窗、洞口。"

《建筑设计防火规范（2018 年版）》GB 50016—2014 第 6.4.3 条第 5 款【强制性条款】要求："（防烟楼梯间）除住宅建筑的楼梯间前室外，防烟楼梯间和前室内的墙上不应开设除疏散门和送风口外的其他门、窗、洞口。"

建议：在疏散楼梯间内应避免设置配电盘，如设置应满足疏散宽度要求。在封闭楼梯间及防烟楼梯间内，配电盘采用暗装方式，不满足规范要求。

1.10.6 防空地下室的配电箱、照明箱、控制箱在人防工程的外墙、临空墙、防护密闭隔墙、密闭隔墙上可否嵌墙暗装？

结论：属于违反强制性条款的问题。

依据：《人民防空地下室设计规范》GB 50038—2005 第 7.3.4 条【强制性条款】要求："防空地下室内的各种动力配电箱、照明箱、控制箱，不得在外墙、临空墙、防护密闭隔墙、密闭隔墙上嵌墙暗装。若必须设置时，应采取挂墙式明装。"

建议：防空地下室的外墙、临空墙、防护密闭隔墙、密闭隔墙等，具有防护密闭功能，各类动力配电箱、照明箱、控制箱嵌墙暗装时，使墙体厚度减薄，会影响到防护密闭功能，所以在此类墙体上应采取挂墙明装。在设计实践中，防护单元隔墙、扩散室侧墙等位置，配电盘也应明装。

1.10.7 消防控制室处在伸缩缝位置，且未采取防水淹的措施，是否违反强制性条款？详见错误图 1.10.7。

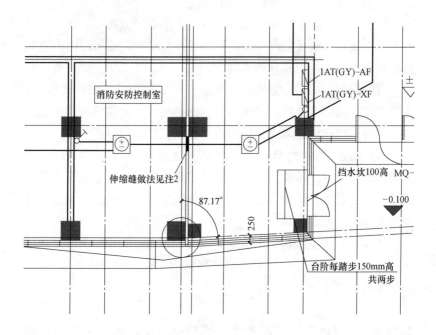

图 1.10.7 错误图

结论：属于涉及强制性条款的问题。

依据：《建筑设计防火规范（2018 年版）》GB 50016—2014 第 8.1.8 条【强制性条款】要求："消防水泵房和消防控制室应采取防水淹的技术措施。"

建议：在实际工程中，有不少消防水泵房和消防控制室因被淹或进水而无法使用，严重影响自动消防设施的灭火、控火效果，影响灭火救援行动。设计时消防控制室及消防水泵房选址是个重要话题，首先要合理确定这些房间的楼层和位置，而后还需要通过设置门槛、增设排水措施等方法防止消防控制设备或消防水泵、消防电源与配电装置等被淹。

1.10.8 人防区内集气室、滤毒室、战时水箱间等的照明可否接入应急照明回路？详见错误图 **1.10.8-1**。

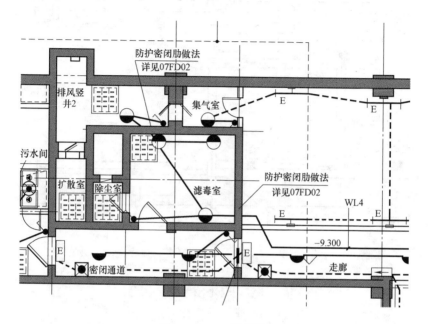

图 1.10.8-1 错误图

结论：属于违反强制性条款的问题。

依据：《建筑设计防火规范（2018 年版）》GB 50016—2014 第 10.1.6 条【强制性条款】要求："消防用电设备应采用专用的供电回路，当建筑内的生产、生活用电被切断时，应仍能保证消防用电。"

建议：生产、生活用电与消防用电的配电线路采用同一回路，火灾时，可能因电气线路短路或切断生产、生活用电，导致消防用电设备不能运行，因此，消防用电设备均应采用专用的供电回路。人防区内集气室、滤毒室、战时水箱间等的照明不属于消防负荷，电源引自应急照明回路不满足规范要求，应改由普通配电盘供电。详见正确图 1.10.8-2。

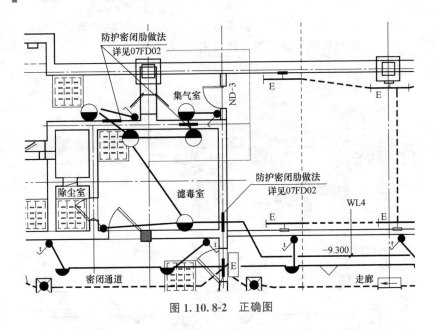

图 1.10.8-2　正确图

第11节　商业建筑电气设计涉及
强条的错误及解答

1.11.1　如何判定商店规模？大中型商店建筑的营业厅线缆类型未采用低烟低毒阻燃型，是否有错误？

结论：属于违反强制性条款的问题。

依据：《商店建筑设计规范》JGJ 48—2014 第 1.0.4 条【非强制性条款】规定："商店建筑的规模应按单项建筑内的商店总建筑面积进行划分，并应符合表 1.0.4 的规定。"

商店建筑的规模划分　　　　　　　　　　　　　表 1.0.4

规模	小型	中型	大型
总建筑面积	<5000m²	5000m²～20000m²	>20000m²

《商店建筑设计规范》JGJ 48—2014 第 7.3.14 条【强制性条款】规定："对于大型和中型商店建筑的营业厅，线缆的绝缘和护

套应采用低烟低毒阻燃型。"

建议：根据上述条款，商店建筑应首先划分其规模，即按单项建筑内商店的总建筑面积进行划分：总建筑面积＜$5000\mathrm{m}^2$，属小型商店建筑；$5000\mathrm{m}^2 \leqslant$ 总建筑面积 $\leqslant 20000\mathrm{m}^2$ 属中型商店建筑；总建筑面积 $> 20000\mathrm{m}^2$ 属大型商店建筑。对于大型和中型商店建筑的营业厅，因其客流量大，故应采用低烟低毒阻燃型线缆。

1.11.2 大中型商店建筑的营业厅未设置防火剩余电流动作报警系统，是否违反强制性条款？

结论：属于违反强制性条款的问题。

依据：《商店建筑设计规范》JGJ 48—2014 第 7.3.16 条【强制性条款】规定："对于大型和中型商店建筑的营业厅，除消防设备及应急照明外，配电干线回路应设置防火剩余电流动作报警系统。"

建议：大型和中型商店建筑的营业厅照明、配电干线（除消防设备及应急照明外）回路，布线繁杂、不便于维护，设置电气火灾监控系统是防止其发生电气火灾的必要措施。

1.11.3 商铺属于用户单元，其通信设施工程未采用光纤到用户单元的方式，是否可行？

结论：属于违反强制性条款的问题。

依据：《综合布线系统工程设计规范》GB 50311—2016 第 4.1.1 条【强制性条款】要求："在公用电信网络已实现光纤传输的地区，建筑物内设置用户单元时，通信设施工程必须采用光纤到用户单元的方式建设"。第 2.1.34 条解释了用户单元："建筑物内占有一定空间、使用者或使用业务会发生变化的、需要直接与公用电信网互联互通的用户区域。"

建议：住宅的底商一般用于出租或出售，使用者或使用业务会发生变化，需要直接与公用电信网互联互通，应属于用户单元。商业综合体内的商铺，如非业主自营，用于分隔出租或出售时，也属于用户单元。用户单元的通信设施工程应采用光纤到用户单元的方式，其地下通信管道、配线管网、电信间、设备间等通信设施应与建筑工程同步建设，并应满足多家电信业务经营者平等接入、用户单元内的通信业务使用者可自由选择电信业务经营者的要求。

1.11.4 大型或中型商店建筑，未在疏散通道上设置保持视觉连续的疏散指示标志，是否违反强制性条款?

结论：属于违反强制性条款的问题。

依据：《商店建筑电气设计规范》JGJ 392—2016 第 5.3.6 条【强制性条款】要求："大（中）型商店建筑、总建筑面积大于500m^2 的地下和半地下商店应在通往安全出口的疏散走道地面上增设能保持视觉连续的灯光或蓄光疏散指示标志。"

《商店建筑设计规范》JGJ 48—2014 第 1.0.4 条【非强制性条款】规定："商店建筑的规模应按单项建筑内的商店总建筑面积进行划分，并应符合表 1.0.4 的规定。"

商店建筑的规模划分　　　　　　　　　　　　表 1.0.4

规模	小型	中型	大型
总建筑面积	<5000m^2	5000m^2～20000m^2	>20000m^2

《消防应急照明和疏散指示系统技术标准》GB 51309—2018 第 3.2.9 条第 3 款要求："保持视觉连续的方向标志灯应符合下列规定：1）应设置在疏散走道、疏散通道地面的中心位置；2）灯具的设置间距不应大于 3m，且防护等级不应低于 IP67。"

建议：总建筑面积大于或等于 5000m^2 的商店建筑为大中型商店，应在通往安全出口的疏散走道地面上增设能保持视觉连续的灯光或蓄光疏散指示标志。如采用电光源型，方向标志灯设置间距不应大于 3m，且防护等级不应低于 IP67。

1.11.5 大型超级市场未设置自备电源设置，是否违反强制性条款?

结论：属于违反强制性条款的问题。

依据：《商店建筑电气设计规范》JGJ 392—2016 第 3.5.4 条【强制性条款】要求："大型超级市场应设置自备电源。"

建议：根据《商店建筑设计规范》JGJ 48—2014 第 1.0.4 条

对商店建筑规模划分的规定，超级市场的规模应按单项建筑内的超级市场总建筑面积进行划分，总建筑面积大于 $20000\mathrm{m}^2$ 的超级市场属于大型超级市场。大型超级市场人员密集、货物集中、营业持续性要求高，所以大型超级市场在保证一、二级重要用电设备负荷供电可靠性的前提下，其经营管理用计算机系统、应急照明、公共安全、电子信息设备机房用电、值班照明、警卫照明及经营用冷冻及冷藏系统等尚应配备自备电源，以保证紧急情况下大型超级市场内的人员和财产安全。

自备电源可选择自备独立的发电机组或蓄电池组。自备电源的连续供电时间应根据建筑类型、规模及现行行业标准确定。当发生供电故障时，设置的自备电源应保证：1）尽快恢复营业，降低经济损失。2）发生火灾、安全事故等紧急状态下，大量人员及时安全疏散。3）公共安全系统和信息网络供电连续性，以保障超级市场内财物和人员的安全。4）冷冻及冷藏系统供电连续性，避免因断电导致的经济损失。

1.11.6 商店的收银台未设置视频安防监控系统，是否违反强制性条款？详见错误图 1.11.6-1。

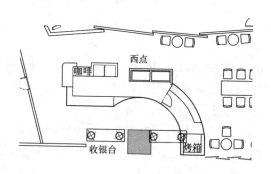

图 1.11.6-1 错误图

结论：属于违反强制性条款的问题。

依据：《商店建筑电气设计规范》JGJ 392—2016 第 9.7.4 条【强制性条款】要求："商店的收银台应设置视频安防监控系统。"

建议：在收银台增设视频安防监控系统。详见正确图 1.11.6-2。

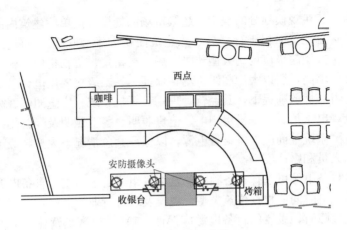

图 1.11.6-2　正确图

1.11.7　超级市场、菜市场中水产区未标明电气设备防护等级，是否违反强制性条款?

结论:属于违反强制性条款的问题。

依据:《商店建筑电气设计规范》JGJ 392—2016 第 4.5.5 条【强制性条款】要求:"超级市场、菜市场中水产区高于交流 50V 的电气设备应设置在 2 区以外,防护等级不应低于 IPX2。"

建议:电气图纸中应标明该区域电气设备的防护等级。

1.11.8　风机盘管开关采用普通调速开关是否满足节能规范要求?

结论:属于违反强制性条款的问题。

依据:《公共建筑节能设计标准》GB 50189—2015 第 4.5.6 条【强制性条款】要求:"供暖空调系统应设置室温调控装置。"

建议:《中华人民共和国节约能源法》第三十七条规定:使用空调供暖、制冷的公共建筑应当实行室内温度控制。用户能够根据自身的用热需求,利用空调供暖系统中的调节阀主动调节和控制室温,是实现按需供热、行为节能的前提条件。因此,风机盘管开关采用普通调速开关不满足节能要求,应具备室温调控功能。

1.11.9 燃气表间位于地下室、半地下室、设备层和地上密闭房间时，灯具未采用防爆型，是否违反强制性条款？

结论：属于违反强制性条款的问题。

依据：《城镇燃气设计规范》GB 50028—2006 第 10.2.21 条第 3 款【强制性条款】要求："地下室、半地下室、设备层和地上密闭房间敷设燃气管道时，应有固定的防爆照明设备。"

建议：本条规定了地下室、半地下室、设备层和地上密闭房间敷设燃气管道时应具备的安全条件。因此，燃气表间位于上述场所，且为密闭房间时，灯具需采用防爆型。

1.11.10 燃气厨房（不含住宅建筑的厨房）、锅炉房等可能散发可燃气体场所未设置可燃气体报警装置，是否违反强制性条款的要求？详见错误图 1.11.10-1。

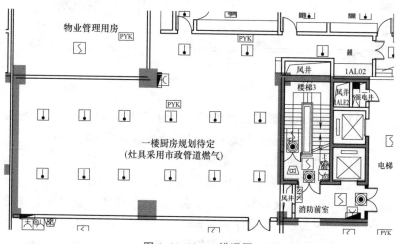

图 1.11.10-1 错误图

结论：属于违反强制性条款的问题。

依据：《建筑设计防火规范（2018 年版）》GB 50016—2014 第 8.4.3 条【强制性条款】要求："建筑内可能散发可燃气体、可燃蒸气的场所应设置可燃气体报警装置。"条文说明明确："本条规定应设置可燃气体探测报警装置的场所，包括工业生产、储存，公共建筑中可能散发可燃蒸气或气体，并存在爆炸危险的场所与部位，也包括丙、丁类厂房、仓库中存储或使用燃气加工的部位，以及公共建筑中的燃气锅炉房等场所，不包括住宅建筑内的厨房。"

建议：除住宅建筑内的厨房外，燃气厨房、锅炉房等可能散发可燃气体场所应设置可燃气体报警装置。详见正确图 1.11.10-2。

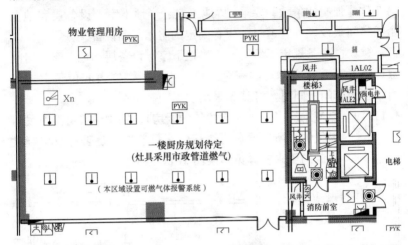

图 1.11.10-2　正确图

1.11.11　爆炸危险环境未明确爆炸危险区域的划分，电气设备未注明其设备保护级别，是否违反规范要求？

结论：属于涉及强制性条款的问题。

依据：《爆炸危险环境电力装置设计规范》GB 50058—2014第 5.2.2 条第 1 款【强制性条款】要求："危险区域划分与电气设备保护级别的关系应符合下列规定：

1 爆炸性环境内电气设备保护级别的选择应符合表 5.2.2-1 的规定。"

爆炸性环境内电气设备保护级别的选择　　表 5.2.2-1

危险区域	设备保护级别（EPL）
0 区	Ga
1 区	Ga 或 Gb
2 区	Ga、Gb 或 Gc
20 区	Da

续表

危险区域	设备保护级别（EPL）
21 区	Da 或 Db
22 区	Da、Db 或 Dc

《爆炸危险环境电力装置设计规范》GB 50058—2014 第 3.2.1 条【非强制性条款】规定："爆炸性气体环境应根据爆炸性气体混合物出现的频繁程度和持续时间分为 0 区、1 区、2 区，分区应符合下列规定：

1 0 区应为连续出现或长期出现爆炸性气体混合物的环境；

2 1 区应为在正常运行时可能出现爆炸性气体混合物的环境；

3 2 区应为在正常运行时不太可能出现爆炸性气体混合物的环境，或即使出现也仅是短时存在的爆炸性气体混合物的环境。"

《爆炸危险环境电力装置设计规范》GB 50058—2014 第 4.2.2 条【非强制性条款】规定："爆炸危险区域应根据爆炸性粉尘环境出现的频繁程度和持续时间分为 20 区、21 区、22 区，分区应符合下列规定：

1 20 区应为空气中的可燃性粉尘云持续地或长期地或频繁地出现于爆炸性环境中的区域；

2 21 区应为在正常运行时，空气中的可燃性粉尘云很可能偶尔出现于爆炸性环境中的区域；

3 22 区应为在正常运行时，空气中的可燃粉尘云一般不可能出现于爆炸性粉尘环境中的区域，即使出现，持续时间也是短暂的。"

建议：在进行爆炸危险环境的电气设计时，应先进行爆炸危险区域的划分。爆炸性气体环境应根据释放源级别和通风条件划分为 0 区、1 区或 2 区；爆炸性粉尘环境应根据爆炸性粉尘的量、爆炸极限和通风条件划分为 20 区、21 区或 22 区。爆炸危险区域内选用的电气设备应按照《爆炸危险环境电力装置设计规范》GB 50058—2014 表 5.2.2-1 的规定，选择其设备保护级别，并按照《爆炸危险环境电力装置设计规范》GB 50058—2014 表 5.2.2-2 的规定，确定其防爆结构。

民用建筑中的爆炸危险环境，一般有煤（燃）气入口间、煤

（燃）气计量间等，属于爆炸性气体环境。上述房间均安装有燃气管道、阀门或仪表等设备，管道上的接头、阀门、法兰盘及测量控制等部件的连接处，可能偶尔和短期释放可燃性物质，属于二级释放源，距离二级释放源一定范围内的区域可划为爆炸危险区域2区。由于一般该类房间较小，房间内可全部划为2区，2区内安装的电气设备保护级别，可为Ga、Gb或Gc，其防爆结构可为本质安全型、隔爆型、增安型等。

1.11.12　Ⅰ类汽车库的机械停车设备采用单路电源供电，是否违反强制性条款？

结论：属于违反强制性条款的问题。

依据：根据《民用建筑电气设计标准》GB 51348—2019 附录A中表示："Ⅰ类汽车库的消防用电及其机械停车设备、采用升降梯作车辆疏散出口的升降梯用电为一级负荷。"

《供配电系统设计规范》GB 50052—2009 第3.0.2条【强制性条款】要求："一级负荷应由双重电源供电，当一电源发生故障时，另一电源不应同时受到损坏。"

建议：机械停车设备应为一级负荷，按照上述规范要求，供电应采用两路电源切换后供电，以满足一级负荷供电要求。

1.11.13　采用升降机做汽车疏散出口的汽车库，平时无人员在车库内，可否不设置火灾自动报警系统？

结论：属于违反强制性条款的问题。

依据：《汽车库、修车库、停车场设计防火规范》GB 50067—2014 第9.0.7条【强制性条款】要求："除敞开式汽车库、屋面停车场外，下列汽车库、修车库应设置火灾自动报警系统：

1　Ⅰ类汽车库、修车库；

2　Ⅱ类地下、半地下汽车库、修车库；

3　Ⅱ类高层汽车库、修车库；

4　机械式汽车库；

5　采用汽车专用升降机作汽车疏散出口的汽车库。"

建议：因上述汽车库平时无人员进入，极易被设计人员忽略。凡条文中提及场所，均应按规范设置火灾自动报警系统。

第12节 办公建筑电气设计涉及强条的错误及解答

1.12.1 人防电站电气管线穿越贮油间的问题，是否违反强制性条款?

结论：属于违反强制性条款的问题。

依据：《人民防空地下室设计规范》GB 50038—2005 第 3.6.6 条第 2、3 款【强制性条款】要求："柴油电站的贮油间应符合下列规定：

2 贮油间应设置向外开启的防火门，其地面应低于与其相连接的房间（或走道）地面 150～200mm 或设门槛；

3 严禁柴油机排烟管、通风管、电线、电缆等穿过贮油间。"

建议：当排风、排烟扩散室及竖井不能设置在维护结构外墙时，即在人防电站内部设置时，电气设计应合理布置贮油间位置、避免缆线穿越贮油间，且应关注排烟管、通风管走向问题。详见正确图 1.12.1。

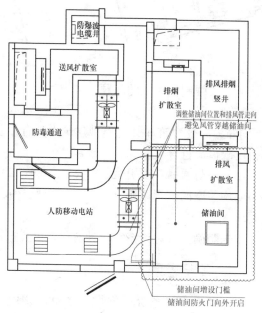

图 1.12.1 正确图

1.12.2 办公建筑和其他类型建筑中具有办公用途场所的照明功率密度限值超过规范限值，是否违反强制性条款的要求？详见错误图 **1.12.2**。

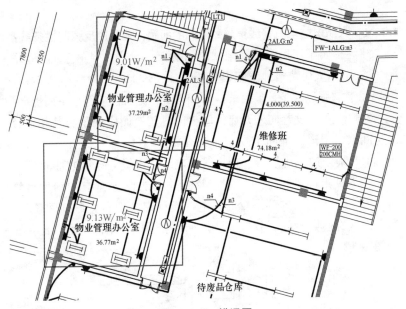

图 1.12.2 错误图

结论：属于违反强制性条款的问题。

依据：《建筑照明设计标准》GB 50034—2013 第 6.3.3 条【强制性条款】要求："办公建筑和其他类型建筑中具有办公用途场所的照明功率密度限值应符合表 6.3.3 的规定。"

建议：原图例中灯具选型采用 28W 的 T5 双管荧光灯，应在保持照度和照明均匀度的前提下下调 LPD 计算值，使其不高于规范的现行值要求。

1.12.3 图纸中未明确会议讨论系统设计应具备火灾报警联动功能的要求，是否违反强制性条款？

结论：属于违反强制性条款的问题。

依据：根据《电子会议系统工程设计规范》GB 50799—2012 第 3.0.8 条【强制性条款】要求："会议讨论系统和会议同声传译

系统必须具备火灾自动报警联动功能。"

建议：（1）设计说明中应明确火灾时对会议讨论系统和会议同声传译系统在火灾时的联动控制方式。

（2）可采取的联动控制方式有：

1）通过切除会议系统供电电源实现联动控制，在相应供电回路加设分励脱扣器，在火灾时通过控制模块切除电源；

2）设置控制模块与会议系统管理主机联动将紧急广播切入系统。

1.12.4　图纸中未明确同声传译系统应具备火灾报警联动功能的要求，是否违反强制性条款？

结论：属于违反强制性条款的问题。

依据：根据《红外线同声传译系统工程技术规范》GB 50524—2010 第 3.1.5 条【强制性条款】要求："红外线同声传译系统必须具备火灾自动报警联动功能。"

建议：（1）设计说明中应明确对红外线同声传译系统在火灾时的联动控制方式。

（2）可采取的联动控制方式有：

1）通过切除会议系统供电电源实现联动控制，在相应供电回路加设分励脱扣器，在火灾时通过控制模块切除电源；

2）设置控制模块与会议系统管理主机联动将紧急广播切入系统。

第13节　剧院建筑电气设计涉及强条的错误及解答

1.13.1　电影院未设置踏步灯或座位排号灯，没有标明其供电电压的电压等级为安全电压，是否违反强制性条款？

结论：属于违反强制性条款的问题。

依据：《电影院建筑设计规范》JGJ 58—2008 第 7.3.4 条【强制性条款】要求："乙级及乙级以上电影院应设踏步灯或座位排号灯，其供电电压应为不大于 36V 的安全电压。"

建议：在合理位置增设踏步灯或座位排号灯，并使用 36V 以下安全特低电压。

1.13.2　剧场内台仓、排练厅是否需要设置应急疏散照明和疏散指示标志？

结论：属于违反强制性条款的问题。

依据：《剧场建筑设计规范》JGJ 57—2016 第 10.3.13 条【强制性条款】要求："剧场的观众厅、台仓、排练厅、疏散楼梯间、防烟楼梯间及前室、疏散通道、消防电梯间及前室、合用前室等，应设应急疏散照明和疏散指示标志，并应符合下列规定：

1 除应设置疏散走道照明外，还应在各安全出口处和疏散走道，分别设置安全出口标志和疏散走道指示标志。"

建议：条文中提及场所，除应设置应急疏散照明外，还应设置疏散指示标志。

1.13.3　消防控制室有与其无关的管道穿越，是否可行？详见错误图1.13.3。

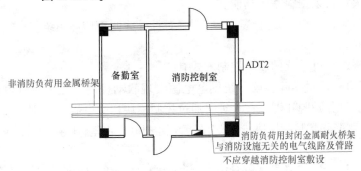

图 1.13.3　错误图

结论：属于违反强制性条款的问题。

依据：《火灾自动报警系统设计规范》GB 50116—2013 中第 3.4.6 条【强制性条款】要求："消防控制室内严禁穿过与消防设施无关的电气线路及管路。"

建议：设计时应注意与消防设施无关的电气线路及管路应避开消防控制室敷设。

1.13.4　消防控制室的门直接开向地下车库，是否违反强制性条款？详见错误图1.13.4-1。

结论：属于违反强制性条款的问题。

依据：《建筑设计防火规范（2018年版）》GB 50016—2014 第 8.1.7 条第 4 款【强制性条款】规定消防控制室的设置"疏散门应直通室外或安全出口"。此条条文说明有"消防控制室的疏散门设置说明，见本规范第 8.1.6 条的条文说明。"即说明消防控制室疏散门的要求与消防水泵房相同。

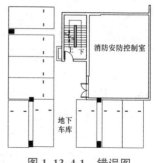

图 1.13.4-1 错误图

《建筑设计防火规范（2018 年版）》GB 50016—2014 第 8.1.6 条【强制性条款】条文说明对于消防水泵房疏散门的要求为"本条规定中'疏散门应直通室外'，要求进出泵房不需要经过其他房间或使用空间而直接到达建筑外，开设在建筑首层门厅大门附近的疏散门可以视为直通室外；'疏散门应直通安全出口'。要求泵房的门通过疏散走道直接连通到进入疏散楼梯的门，不需要经过其他空间。"

建议：消防控制室的门直接开向地下车库不符合"不需要经过其他房间或使用空间而直接到达"的要求，应调整消防控制室疏散门的位置，增加走道。详见正确图 1.13.4-2。

图 1.13.4-2 正确图

第14节　数据中心建筑电气设计涉及强条的错误及解答

1.14.1　数据机房内未预留等电位联结端子或等电位连接箱，是否违反规范要求？

结论：属于违反强制性条款的问题。

依据：《数据中心设计规范》GB 50174—2017 第8.4.4条【强制性条款】要求："数据中心内所有设备的金属外壳、各类金属管道、金属线槽、建筑物金属结构必须进行等电位联结并接地。"

建议：对数据中心内所有设备的金属外壳、各类金属管道、金属线槽、建筑物金属结构等做等电位联结及接地是为了降低或消除这些金属部件之间的电位差，是对人员和设备进行安全防护的必要措施，如果这些金属之间存在电位差，将造成人员伤害和设备损坏，因此数据中心基础设施不应存在对地绝缘的孤立导体。一次设计时，数据机房内的等电位联结箱应预留到位，不应待工艺设计时另行解决。

1.14.2　采用管网式气体灭火系统或细水雾灭火系统的数据中心主机房的火灾报警系统未明确与视频监控系统联动内容，是否满足规范？

结论：属于违反强制性条款的问题。

依据：《数据中心设计规范》GB 50174—2017 第13.3.1条【强制性条款】要求："采用管网式气体灭火系统或细水雾灭火系统的主机房，应同时设置两组独立的火灾探测器，火灾报警系统应与灭火系统和视频监控系统联动。"

建议：设计时应在说明中补充相关联动要求。

1.14.3　机房工程紧急广播系统备用电源连续供电时间小于消防疏散指示标志照明备用电源的连续供电时间，是否满足规范要求？

结论：属于违反强制性条款的问题。

依据：《智能建筑设计标准》GB 50314—2015 第4.7.6条【强

制性条款】要求："机房工程紧急广播系统备用电源的连续供电时间，必须与消防疏散指示标志照明备用电源的连续供电时间一致。"

建议：该条在实际设计中，当供电电源系统未配置柴油发电机组，仅由蓄电池不间断电源系统作为备用电源时，应注意其连续供电时间，保证蓄电池电源供电时的持续工作时间应满足《建筑设计防火规范（2018 年版）》GB 50016—2014 第 10.1.5 条及《消防应急照明和疏散指示系统技术标准》GB 51309—2018 第 3.2.4 条第 5、6 款的规定。

1.14.4 门禁控制器设置位置不合理，容易受到破坏和攻击。详见错误图 1.14.4-1。

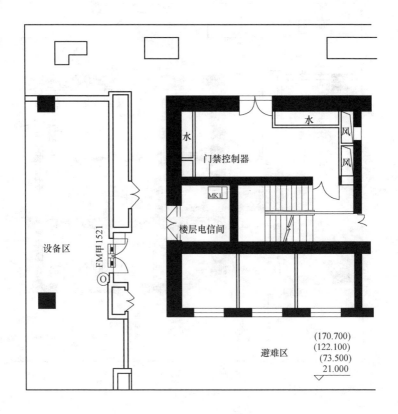

图 1.14.4-1　错误图

结论：属于违反强制性条款的问题。

依据：根据《出入口控制系统工程设计规范》GB 50396—2007 第 6.0.2 条第 2 款【强制性条款】要求："采用非编码信号控制和/或驱动执行部分的管理与控制设备，必须设置于该出入口的对应受控区、同级别受控区或高级别受控区内。"

建议：本项目的门禁控制器设置于楼层电信间内，此电信间不属于规定受控区，不满足规范要求。楼层电信间应设置门禁系统，并设定为同级别受控区或高级别受控区。详见正确图 1.14.4-2。

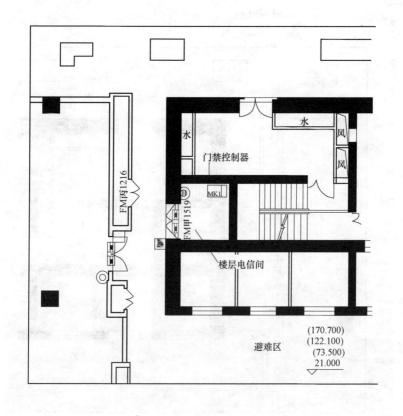

图 1.14.4-2　正确图

第 15 节　医院建筑电气设计涉及强条的错误及解答

1.15.1 X 光诊断室、加速器治疗室、核医学扫描室、γ 照相机室和手术室等用房未设计防止误入的信号灯，是否满足规范要求？详见错误图 1.15.1-1。

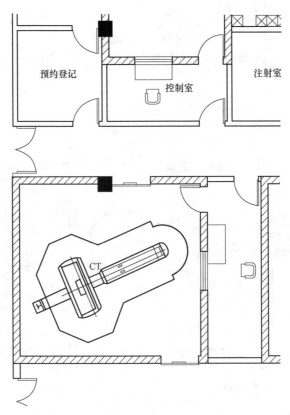

预约登记

控制室

注射室

CT

图 1.15.1-1　错误图

结论：属于违反强制性条款的问题。

依据：《综合医院建筑设计规范》GB 51039—2014 第 8.6.7 条【强制性条款】要求："X 光诊断室、加速器治疗室、核医学扫描室、γ 照相机室和手术室等用房，应设防止误入的红色信号灯，红色信号灯电源应与机组连通。"

建议：在 X 光诊断室、加速器治疗室、核医学扫描室、γ 照相机室和手术室等用房，增设防止误入的信号灯，并标明颜色为红色，红色信号灯电源与机组连通。详见正确图 1.15.1-2。

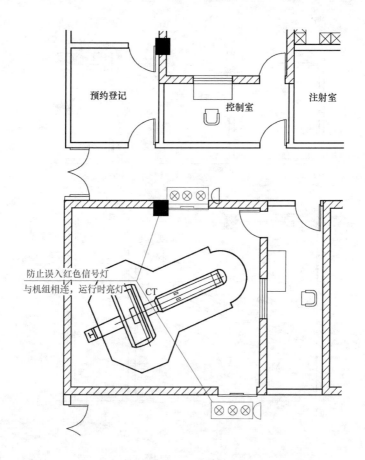

图 1. 15. 1-2　正确图

1.15.2 医院高层病房楼避难间未设置消防应急广播及消防专线电话，是否有误？详见错误图 1.15.2-1。

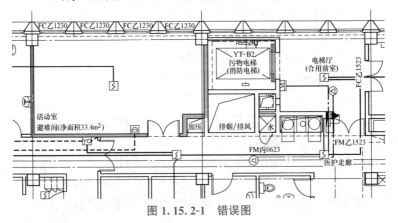

图 1.15.2-1 错误图

结论：属于违反强制性条款的问题。

依据：《建筑设计防火规范（2018 年版）》GB 50016—2014 第 5.5.24 条第 4 款【强制性条款】要求："高层病房楼应在二层及以上的病房楼层和洁净手术部设置避难间，避难间内应设置消防专线电话和消防应急广播。"

建议：设计时应在避难间补充消防专用电话和消防应急广播。详见正确图 1.15.2-2。

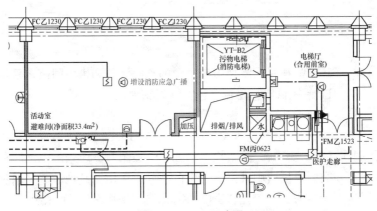

图 1.15.2-2 正确图

1.15.3 对于医疗建筑需进行射线防护的房间，其他电气管线进入或穿越，是否违反强制性条款？

结论：属于违反强制性条款的问题。

依据：《医疗建筑电气设计规范》JGJ 312—2013 第 7.1.2 条【强制性条款】要求："对于需进行射线防护的房间，其供电、通信的电缆沟或电气管线严禁造成射线泄露；其他电气管线不得进入和穿越射线防护房间。"

建议：在医疗建筑电气设计中，常见医技楼各用房布设未到位，留待二次设计问题。为了避免射线防护房间的射线泄漏，设计应提供相关要求、引用的图集及施工方式，即其供电、通信的电气管线，应严格按照设备的工艺要求进行设计和施工。常用图集：国家建筑标准设计图集《医疗建筑电气设计与安装》19D706-2。详见正确图 1.15.3。

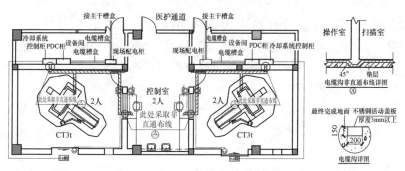

图 1.15.3 正确图

1.15.4 ICU 病房用于维持患者生命的电气装置和供电回路未采用 IT 系统供电，是否可行？详见错误图 1.15.4-1。

结论：属于违反强制性条款的问题。

依据：《综合医院建筑设计规范》GB 51039—2014 第 8.3.5 条【强制性条款】要求："除本规范第 8.3.3 条第 2 款所列的电气回路外，在 2 类医疗场所中维持患者生命、外科手术和其他位于'患者区域'范围内的电气装置和供电回路，均应采用医用 IT 系统。"

建议：在 2 类医疗场所中维持患者生命、外科手术和其他位于

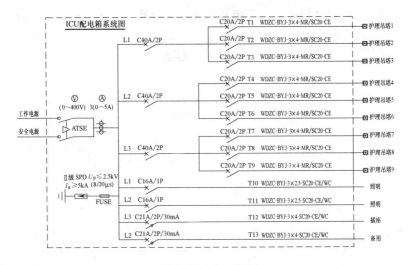

图 1.15.4-1　错误图

"患者区域"范围内的电气装置和供电回路应采用医用 IT 系统，通过隔离变压器二次回路导体不接地，电气设备外露可导电部分接到电气装置的 PE 线上，并设置辅助等电位联结。详见正确图 1.15.4-2。

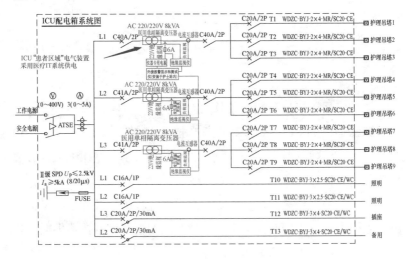

图 1.15.4-2　正确图

1.15.5 心脏外科手术室用电系统未设置隔离变压器，是否违反强制性条款？详见错误图 1.15.5-1。

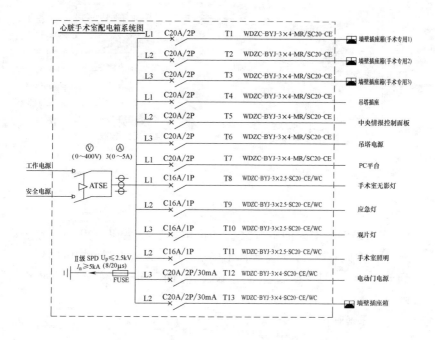

图 1.15.5-1　错误图

结论：属于违反强制性条款的问题。

依据：《医院洁净手术部建筑技术规范》GB 50333—2013 第11.1.6条【强制性条款】要求："心脏外科手术室用电系统必须设置隔离变压器。"

建议：心脏外科手术室为防止在手术过程中触及心脏的设备漏电致人死亡，也为同时保证生命支持系统的电气设备持续供电，其用电系统必须设置隔离变压器。详见正确图 1.15.5-2。

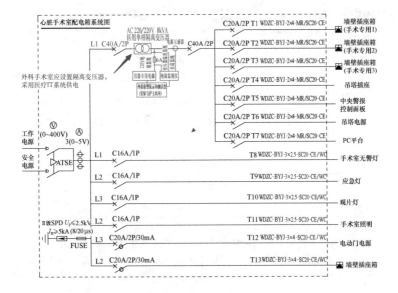

图 1.15.5-2　正确图

1.15.6　精神专科医院隔离室未设计视频监控系统，是否可行？

结论：属于违反强制性条款的问题。

依据：《精神专科医院建筑设计规范》GB 51058—2014 第 4.7.8 条第 2 款【强制性条款】要求："隔离室内应设置视频监控系统。"

建议：该条款未出现在上述规范的电气章节内，易被设计师忽略，在此特别提示大家注意，隔离室内应设置视频监控系统。

1.15.7　建筑高度大于 24m、但不超过 50m 的医疗建筑，消防负荷定为二级负荷正确吗？某工程图纸如下：建筑概况：建筑面积 14560m²，地上十层，地下二层。建筑高度：45.68m。使用性质：康复中心。负荷等级：消防用电负荷定为二级负荷。

结论：属于违反强制性条款的问题。

依据：（1）康复中心属于专科医院，应按照医疗建筑设计，参见《民用建筑设计术语标准》GB/T 50504—2009 第 3.6.4 条【非强制性条款】条文说明："专科医院通常有传染病院、精神病院、口腔医院、结核病院、妇产医院、康复中心和疗养院等。"

（2）建筑高度大于 24m 的医疗建筑属于一类高层民用建筑，详见《建筑设计防火规范（2018 年版）》GB 50016—2014 第 5.1.1 条【非强制性条款】："民用建筑根据其建筑高度和层数可分为单、多层民用建筑和高层民用建筑。高层民用建筑根据其建筑高度、使用功能和楼层的建筑面积可分为一类和二类。民用建筑的分类应符合表 5.1.1 的规定。"

民用建筑的分类　　　　　　　　　表 5.1.1

名称	高层民用建筑		单、多层民用建筑
	一类	二类	
住宅建筑	建筑高度大于 54m 的住宅建筑（包括设置商业服务网点的住宅建筑）	建筑高度大于 27m，但不大于 54m 的住宅建筑（包括设置商业服务网点的住宅建筑）	建筑高度不大于 27m 的住宅建筑（包括设置商业服务网点的住宅建筑）
公共建筑	1. 建筑高度大于 50m 的公共建筑。 2. 建筑高度 24m 以上部分任一楼层建筑面积大于 1000m² 的商店、展览、电信、邮政，财贸金融建筑和其他多种功能组合的建筑。 3. 医疗建筑、重要公共建筑、独立建造的老年人照料设施。 4. 省级及以上的广播电视和防灾指挥调度建筑、网局级和省级电力调度建筑。 5. 藏书超过 100 万册的图书馆、书库	除一类高层公共建筑外的其他高层公共建筑	1. 建筑高度大于 24m 的单层公共建筑。 2. 建筑高度不大于 24m 的其他公共建筑

注：2 除本规范另有规定外，宿舍、公寓等非住宅类居住建筑的防火要求，应符合本规范有关公共建筑的规定。

（3）《建筑设计防火规范（2018 年版）》GB 50016—2014 第 10.1.1 条【强制性条款】要求："下列建筑物的消防用电应按一级负荷供电：

1 建筑高度大于 50m 的乙、丙类厂房和丙类仓库；2 一类高层民用建筑。"

建议：《建筑设计防火规范（2018 年版）》GB 50016—2014 第 5.1.1 条条文说明明确：对于公共建筑，规范以 24m 作为区分多层和高层公共建筑的标准。在高层建筑中将性质重要、火灾危险性大、疏散和扑救难度大的建筑定为一类，如高层医疗建筑划为一类，主要考虑了建筑中有不少人员行动不便、疏散困难，建筑内发生火灾易致人员伤亡。因此，高层医疗建筑没有二类高层的概念。该康复中心作为一类高层民用建筑，其消防用电应按一级负荷供电，并补充一级负荷的供电措施，详见《供配电系统设计规范》GB 50052—2009 第 3.0.2 条。

1.15.8 具有室外铜缆传输线路的广播系统未设有防雷措施，是否违反强制性条款？

结论：属于违反强制性条款的问题。

依据：《公共广播系统工程技术规范》GB 50526—2010 第 3.5.7 条【强制性条款】要求："具有室外传输线路（除光缆外）的公共广播系统应有防雷设施。公共广播系统的防雷和接地应符合现行国家标准《建筑物电子信息系统防雷技术规范》GB 50343—2012 的有关规定。"

《建筑物电子信息系统防雷技术规范》GB 50343—2012 第 5.1.3 条【非强制性条款】要求："建筑物电子信息系统应根据需要保护的设备数量、类型、重要性、耐冲击电压额定值及所要求的电磁场环境等情况选择下列雷电电磁脉冲的防护措施：

1 等电位连接和接地；

2 电磁屏蔽；

3 合理布线；

4 能量配合的浪涌保护器防护。"

建议：设计广播系统时，如广播系统输出信号线（铜缆）上接有室外广播，应做好以下防雷接地措施：1 广播机房内电子信息设备应作等电位连接；机房等电位连接网络应与共用接地系统连接；2 室外线缆宜有金属屏蔽层，当室外采用非屏蔽电缆时，从人

（手）孔井到机房的引入线应穿钢管埋地引入，埋地长度不宜小于15m，且电缆屏蔽层或金属管道应在入户处进行等电位连接及接地；3 广播系统室内线缆应敷设在金属线槽或金属管道内；4 每路输出信号线上应装设信号线路浪涌保护器；室外进、出广播机房的信号线路，在 LPZ0$_A$ 或 LPZ0$_B$ 与 LPZ1 的边界处必须设置适配的信号线路浪涌保护器；系统的供电线路输入端应设置适配的电源浪涌保护器。

第 16 节　酒店建筑电气设计涉及强条的错误及解答

1.16.1　旅馆建筑的变配电室可以设置在卫生间、盥洗室、浴室的直接下层吗？

结论：属于违反强制性条款的问题。

依据：《旅馆建筑设计规范》JGJ 62—2014 第 4.1.10 条【强制性条款】要求："旅馆建筑的卫生间、盥洗室、浴室不应设在变配电室等有严格防潮要求用房的直接上层。"

建议：设计在平面布置时，应避免将有用水、可能有积水的用房布置在变配电室的直接上层，即便采用降板同层排水或双层楼板，但夹层中人员无法进入并无排水处理渠道的也不允许。

1.16.2　酒店套房内未设火灾警报器，是否违反强制性条款？详见错误图 1.16.2。

结论：属于涉及强制性条款的问题。

依据：《火灾自动报警系统设计规范》GB 50116—2013 第 6.5.2 条【强制性条款】要求："每个报警区域内应均匀设置火灾警报器，其声压级不应小于 60dB；在环境噪声大于 60dB 的场所，其声压级应高于背景噪声 15dB。"

建议：实际工程中，酒店套房有多重门进行隔声，套房内未必能满足规范关于声压级的要求，但酒店管理公司的装修标准常不建议在酒店套房内增设火灾警报器，可采用高声压级（115dB）的警报器，以满足规范要求。

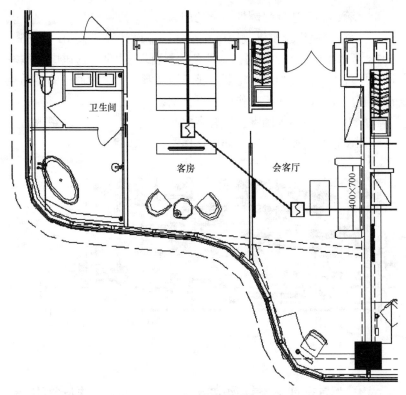

图 1.16.2 错误图

1.16.3 燃气阀室设有事故排风机，但未设置室内外控制按钮，是否违反强制性条款？详见错误图 **1.16.3-1**。

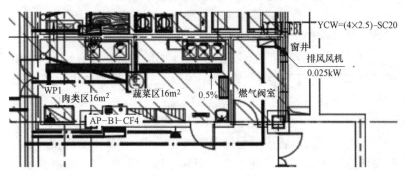

图 1.16.3-1 错误图

结论：属于违反强制性条款的问题。

依据：《民用建筑供暖通风与空气调节设计规范》GB 50736—2012 第 6.3.9 条第 2 款【强制性条款】要求："事故通风应根据放散物的种类，设置相应的检测报警及控制系统。事故通风的手动控制装置应在室内外便于操作的地点分别设置。"

建议：图中燃气阀室设置有事故通风机，应在燃气阀室内、室外分别设置手动控制按钮。详见正确图 1.16.3-2。

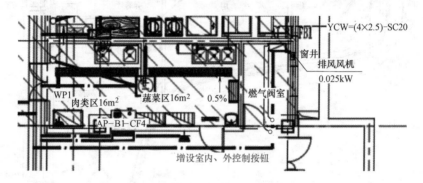

图 1.16.3-2　正确图

1.16.4　燃气表间、燃气锅炉房等场所的事故排风机未设置导除静电的接地装置，是否算错误？

结论：属于涉及强制性条款的问题。

依据：《建筑设计防火规范（2018 年版）》GB 50016—2014 第 9.3.9 条第 1 款【强制性条款】要求："（排除有燃烧或爆炸危险气体、蒸气和粉尘的）排风系统应设置导除静电的接地装置"。

《建筑设计防火规范（2018 年版）》GB 50016—2014 第 9.3.16 条【强制性条款】要求："燃气锅炉房应选用防爆型的事故排风机。当采取机械通风时，机械通风设施应设置导除静电的接地装置。"

建议：设计说明及接地平面图中明确"燃气表间、燃气锅炉房等场所的事故通风机设置导除静电接地装置"。上述场所按爆炸危险场所常规的要求设计和施工（钢管全程电气导通），即可满足防静电的要求。

1.16.5 柴油发电机房设置在酒店大堂、商店营业厅、医院体检中心下方可以吗？

结论：属于违反强制性条款的问题。

依据：根据《建筑设计防火规范（2018 年版）》GB 50016—2014第 5.4.13 条第 2 款【强制性条款】的规定，布置在民用建筑内的柴油发电机房"不应布置在人员密集场所的上一层、下一层或贴邻。"

《中华人民共和国消防法》第七十三条第（四）款规定"人员密集场所，是指公众聚集场所，医院的门诊楼、病房楼，学校的教学楼、图书馆、食堂和集体宿舍，养老院，福利院，托儿所，幼儿园，公共图书馆的阅览室，公共展览馆、博物馆的展示厅，劳动密集型企业的生产加工车间和员工集体宿舍，旅游、宗教活动场所等。"第（三）款规定"公众聚集场所，是指宾馆、饭店、商场、集贸市场、客运车站候车室、客运码头候船厅、民用机场航站楼、体育场馆、会堂以及公共娱乐场所等。"

建议：由此可见，酒店大堂、商店营业厅、医院体检中心属于人员密集场所，在其正下方设置柴油发电机房违反了强制性条文的规定，应将柴油发电机房移至人员密集场所以外的区域，或将其上方设置为非人员密集场所。

第 17 节　会展建筑电气设计涉及强条的错误及解答

1.17.1 展位箱、综合展位箱的出线开关以及配电箱（柜）直接为展位用电设备供电的出线开关，未装设不超过 30mA 剩余电流动作保护装置，是否违反规范要求？

结论：属于违反强制性条款的问题。

依据：《会展建筑电气设计规范》JGJ 333—2014 第 8.3.6 条【强制性条款】要求："展位箱、综合展位箱的出线开关以及配电箱（柜）直接为展位用电设备供电的出线开关，应装设不超过 30mA剩余电流动作保护装置。"

建议：针对展览建筑举办展会的可变性及展览形式多样化的特点，当展会布展时，根据需求，展位用电设备可以从展位箱、综合展位箱的出线开关取电，也可以从展览用电配电柜的出线开关取电。工作人员或参观者会随时触摸到展位用电设备。为了避免因漏电对人身产生的危害，本规范强调在展位箱、综合展位箱以及展览用电配电柜直接为展位用电设备供电的出线开关处，装设不超过30mA 剩余电流动作保护装置。

1.17.2 观众厅、展览厅、多功能厅和建筑面积大于 200m² 的营业厅、餐厅等人员密集场所未设置疏散照明，是否违反强制性条款？

结论：属于违反强制性条款的问题。

依据：《建筑设计防火规范（2018 年版）》GB 50016—2014第 10.3.1 条【强制性条款】要求："除建筑高度小于 27m 的住宅建筑外，民用建筑、厂房和丙类仓库的下列部位应设置疏散照明：

1 封闭楼梯间、防烟楼梯间及其前室、消防电梯间的前室或合用前室、避难走道、避难层（间）；

2 观众厅、展览厅、多功能厅和建筑面积大于 200m² 的营业厅、餐厅、演播室等人员密集的场所；

3 建筑面积大于 100m² 的地下或半地下公共活动场所；

4 公共建筑内的疏散走道；

5 人员密集的厂房内的生产场所及疏散走道。"

建议：观众厅、展览厅、多功能厅和建筑面积大于 200m² 的营业厅、餐厅、演播室等人员密集的场所（人员密集场所定义详见《中华人民共和国消防法》2019 年修订版第七十三条第（二）（三）款），均应设置疏散照明。

1.17.3 会展建筑屋面安装的光伏组件没有设置防触电警示标识，是否满足规范要求？

结论：属于违反强制性条款的问题。

依据：《民用建筑太阳能光伏系统应用技术规范》JGJ 203—2010 第 3.1.5 条【强制性条款】要求："在人员有可能接触或接近光伏系统的位置，应设置防触电警示标识。"

建议：在人员有可能接触或接近光伏系统的位置，增设防触电警示标识。

1.17.4 未说明单芯矿物绝缘电缆敷设时应采取的防涡流措施，是否算错误？

结论：属于涉及强制性条款的问题。

依据：根据《矿物绝缘电缆敷设技术规程》JGJ 232—2011 第4.1.7条【强制性条款】要求："交流系统单芯电缆敷设应采取下列防涡流措施：

1 电缆应分回路进出钢制配电箱（柜）、桥架；

2 电缆应采用金属件固定或金属线绑扎，且不得形成闭合铁磁回路；

3 当电缆穿过钢管（钢套管）或钢筋混凝土楼板、墙体的预留洞时，电缆应分回路敷设。"

建议：设计采用单芯矿物绝缘电缆，单芯电缆敷设有其特殊性，如不说明其防涡流敷设措施，施工时不加注意，有可能形成闭合磁路，产生涡流，不仅会造成电能损耗，还有可能因温升带来火灾隐患。在说明中及图纸标注中应明确每个供电回路的所有导体应穿入同一钢导管，单芯电缆进出钢制柜（箱）、桥架、支架及固定卡具时，均应采取分隔磁路的措施，防止涡流产生。多根单芯电缆敷设时，应选择合适的排列方式，防止涡流的叠加。敷设方式参见国标图集《矿物绝缘电缆敷》09D101-6。

第18节 援外建筑电气设计涉及强条的错误及解答

1.18.1 援外建筑中常见建筑群设计，各子项的火灾自动报警系统区域报警控制器未设 UPS 电源，是否违反强制性条款？

结论：属于涉及强制性条款的问题。

依据：根据《火灾自动报警系统设计规范》GB 50116—2013 第10.1.1条【强制性条款】要求："火灾自动报警系统应设置交流电源和蓄电池备用电源。"

根据《火灾自动报警系统设计规范》GB 50116—2013 第10.1.2条【非强制性条款】要求："火灾自动报警系统的交流电源应采用消防电源，备用电源可采用火灾报警控制器和消防联动控制器自带的蓄电池电源或消防设备应急电源。"

根据《火灾自动报警系统设计规范》GB 50116—2013第10.1.5条【非强制性条款】要求："消防设备应急电源输出功率应大于火灾自动报警及联动控制系统全负荷功率的120％，蓄电池组的容量应保证火灾自动报警及联动控制系统在火灾状态同时工作负荷条件下连续工作3h以上。"

建议：区域报警控制器的供电连续性是确保整个火灾报警控制系统持续稳定工作的基础，火灾自动报警系统应设置蓄电池备用电源，备用电源也可采用火灾报警控制器和消防联动控制器自带的蓄电池电源，但应明确该蓄电池应满足上述规范第10.1.5条关于连续供电时间的要求。

第19节　教育建筑电气设计涉及强条的错误及解答

1.19.1　没有注明中小学、幼儿园的电源插座安装高度及要求，是否违反强制性条款？

结论：属于违反强制性条款的问题。

依据：《教育建筑电气设计规范》JGJ 310—2013 第5.2.4条【强制性条款】要求："中小学、幼儿园的电源插座必须采用安全型。幼儿活动场所电源插座底边距地不应低于1.8m。"

建议：为防止未成年中小学生和幼儿将手指或细物伸入插座的插孔中而触电，中小学、幼儿园的电源插座必须采用安全型。考虑幼儿的身高因素，规定幼儿活动场所电源插座底边距地不低于1.8m，可进一步避免意外触电事故的发生。

在中小学、幼儿园电气设计文件中，需明确所有场所的各类电源插座必须采用安全型。在幼儿园电气设计文件中，还需明确幼儿活动场所，如幼儿的活动室、衣帽储存间、卫生间、洗漱间及幼儿寝室等场所的电源插座底边距地为1.8m或大于1.8m。实施过程中，审查中小学设计文件需标注电源插座类型；审查幼儿园设计文件需标注电源插座类型，并明确各场所的插座距地安装高度。

1.19.2 托儿所、幼儿园紫外线杀菌灯与普通照明共用多联控制开关，能否满足规范要求？

结论：属于违反强制性条款的问题。

依据：《托儿所、幼儿园建筑设计规范（2019年版）》JGJ 39—2016第5.2.4条【强制性条款】要求："托儿所、幼儿园的紫外线杀菌灯的控制装置应单独设置，并应采取防误开措施。"

建议：托儿所、幼儿园紫外线杀菌灯与普通照明共用多联控制开关的做法，不能满足规范强制性条款的要求，应予以调整。

近些年新闻报道中频发误开紫外线灯伤人的事故，在设计过程中，设计师应考虑到该因素并尽可能予以控制。经过调研，鉴于目前的情况，提出三种做法供参考：

（1）采用灯开关控制，并把灯开关设置在门外走廊专用的小箱内并上锁，由专人负责，其他人不能操作。

（2）采用专用回路并集中控制，把控制按钮设在有人值班的房间，确定房间无人时由专人操作开启紫外线灯。

（3）有条件时采用智能控制，探测房间是否有人，由房间无人和固定的消毒时间两个条件操作开启紫外线灯。

1.19.3 中小学礼堂会议系统专项设计未考虑安全保障措施，是否算错误？

结论：属于涉及强制性条款的问题。

依据：《电子会议系统工程设计规范》GB 50799—2012第7.4.2条第2、3款【强制性条款】要求："扬声器系统必须采取安全保障措施，且不应产生机械噪声。扬声器系统承重结构改动或荷载增加时，必须由原结构设计单位或具备相应资质的设计单位核查有关原始资料，并应对既有建筑结构的安全性进行核验、确认。"

《会议电视会场系统工程设计规范》GB 50635—2010第3.1.8条【强制性条款】要求："会议电视会场的各种吊装设备和吊件必须有可靠的安全保障措施"。

《会议电视会场系统工程设计规范》GB 50635—2010第3.4.3条第6、7、8款【强制性条款】要求："（光源、灯具的设计要求）灯具的外壳应可靠接地。灯具及其附件应采取防堕落措施。当灯具需要使用悬吊装置时，其悬吊装置的安全系数不应小于9。"。

《会议电视会场系统工程设计规范》GB 50635—2010第3.4.4条第5、6款【强制性条款】要求："(调光、控制系统的设计要求)调光设备的金属外壳应可靠接地。灯光电缆必须采用阻燃型铜芯电缆。"

建议：根据上述规范的要求，中小学礼堂会议系统设计应明确：会场内的各种吊装设备（如吊装投影机、扬声器、灯具等）和固定安装件必须牢固、可靠，并备有安全保障措施，避免参会人员受到意外伤害。光源、灯具及调光设备等电气设备，应确保接地安全。

1.19.4 教育建筑内变电室设置在地下一层，首层为多功能教室是否可行？教育建筑变电室选址如何确定？

结论：属于违反强制性条款的问题。

依据：《教育建筑电气设计规范》JGJ 310—2013第4.3.3条【强制性条款】要求："建筑内的变电所，不应与教室、宿舍相贴邻。"

建议：将变配电所移至地下一层的另一端，其上层为办公室。校园供配电系统总体设计要避免将变电所附设在教学楼或宿舍楼内；如果不可避免地在教学楼或宿舍楼内设变电所时，不要将变电所与教室或宿舍相贴邻（上、下及四周相贴邻，含图书馆内设有的24h自习教室、实验楼内设有的教室）。

1.19.5 大、中型幼儿园的儿童用房等场所没有设置火灾自动报警系统，是否违反强制性条款？详见错误图1.19.5-1。

结论：属于违反强制性条款的问题。

依据：《建筑设计防火规范（2018年版）》GB 50016—2014第8.4.1条第7款【强制性条款】要求："大、中型幼儿园的儿童用房等场所，老年人照料设施，任一层建筑面积大于1500m^{2}或总建筑面积大于3000m^{2}的疗养院的病房楼、旅馆建筑和其他儿童活动场所，不少于200床位的医院门诊楼、病房楼和手术部等建筑或场所应设置火灾自动报警系统。"

建议：大、中型幼儿园的儿童用房等场所（大中型幼儿园指大于5班的幼儿园或大于4班的托儿所）应设置火灾自动报警系统。详见正确图1.19.5-2。

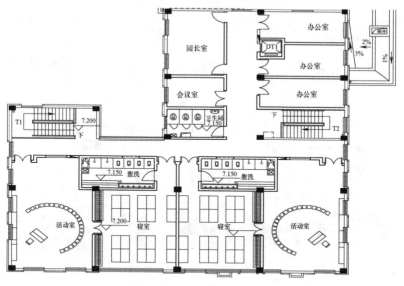

图 1. 19. 5-1　错误图

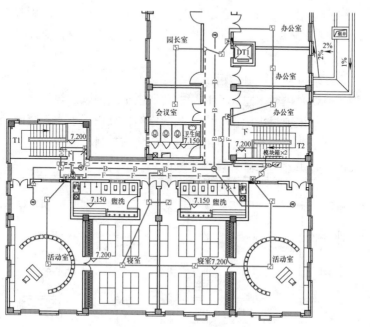

图 1. 19. 5-2　正确图

第 20 节　居住建筑电气设计涉及强条的错误及解答

1.20.1　公共功能的管道，包括配电和弱电干线（管）设置在住宅套内，未设置在公共空间，是否违反强制性条款？详见错误图 1.20.1-1。

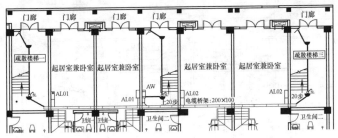

图 1.20.1-1　错误图

结论：属于违反强制性条款的问题。

依据：根据《住宅设计规范》GB 50096—2011 第 8.1.7 条【强制性条款】规定："下列设施不应设置在住宅套内，应设置在共用空间内：

1 公共功能的管道，包括给水总立管、消防立管、雨水立管、采暖（空调）供回水总立管和配电和弱电干线（管）等。"

建议：该项目中敷设配电干线的电缆桥架设置于住宅套内，违反上述规范 8.1.7 条第 1 款的规定，应将该项目中敷设配电干线的电缆桥架移至公共走廊。详见正确图 1.20.1-2。

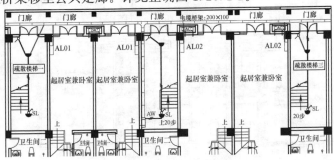

图 1.20.1-2　正确图

1.20.2 由室外变电站引来的进线电源采用 **4** 芯电缆，低压系统接地形式为 **TN-C-S** 系统，进线开关采用四极开关，是否可行？详见错误图 **1.20.2-1**。

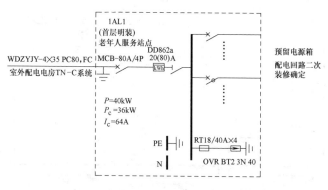

图 1.20.2-1　错误图

结论：属于违反强制性条款的问题。

依据：《低压配电设计规范》GB 50054—2011 第 3.1.4 条【强制性条款】要求："在 TN-C 系统中不应将保护接地中性导体隔离，严禁将保护接地中性导体接入开关电器。"

建议：根据图集《建筑物防雷装置》09BD13-P52 的推荐做法，仅有相线接入进线开关，因此进线开关应采用三极开关，进线应做重复接地。详见正确图 1.20.2-2。

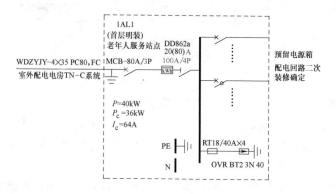

图 1.20.2-2　正确图

1.20.3 高层住宅建筑的楼梯间、电梯间及前室漏设应急照明，是否违反强制性条文？详见错误图 **1.20.3-1**。

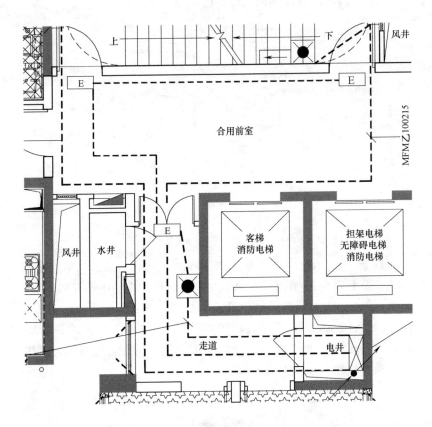

图 1.20.3-1　错误图

结论：属于违反强制性条款的问题。

依据：《住宅建筑规范》GB 50368—2005 第 9.7.3 条【强制性条款】要求："10 层及 10 层以上住宅建筑的楼梯间、电梯间及前室应设置应急照明"。

建议：住宅应急照明的设置和建筑楼层数有关，应补充设置应急照明。详见正确图 1.20.3-2。

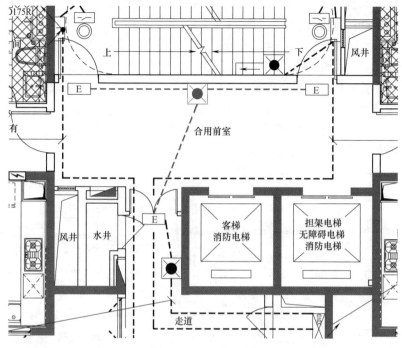

图 1.20.3-2　正确图

1.20.4　住宅大堂部位的照明未考虑节能控制措施，是否违反强制性条款？详见错误图 1.20.4-1。

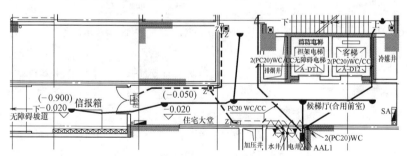

图 1.20.4-1　错误图

结论：属于违反强制性条款的问题。

依据：《住宅建筑规范》GB 50368—2005 第 10.1.4 条【强制

性条款】要求："住宅公共部位的照明应采用高效光源、高效灯具和节能控制措施。"

《住宅设计规范》GB 50096—2011 第 8.7.5 条【强制性条款】要求："共用部位应设置人工照明，应采用高效节能的照明装置和节能控制措施。当应急照明采用节能自熄开关时，必须采取消防时应急点亮的措施。"

建议：住宅大堂部分灯具增设延时自熄开关或采用其他照明节能控制措施。详见正确图 1.20.4-2。

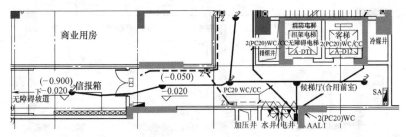

图 1.20.4-2　正确图

1.20.5　住宅建筑火灾声警报器未设置带有语音提示功能，未设置语音同步器，是否可行？

结论：属于违反强制性条款的问题。

依据：《火灾自动报警系统设计规范》GB 50116—2013 第 7.5.1 条【非强制性条款】要求："住宅建筑公共部位设置的火灾声警报器应具有语音功能，且应能接受联动控制或由手动火灾报警按钮信号直接控制发出警报。"

《火灾自动报警系统设计规范》GB 50116—2013 第 4.8.4 条【强制性条款】要求："火灾声警报器设置带有语音提示功能时，应同时设置语音同步器。"

建议：住宅建筑在发生火灾时可能会影响到整个建筑内住户的安全，应该有即时的火灾警报或语音信号通知，以便有效引导有关人员及时疏散。规范要求在住宅建筑的公共部位设置具有语音提示功能的火灾声警报器，是为了使住户都能听到火灾警报和语音提示。为避免临近区域出现火灾语音提示声音不一致的现象，带有语音提示的火灾声警报器应同时设置语音同步器。

在火灾发生时，及时、清楚地对建筑内的人员传递火灾信息是火灾自动报警系统的重要功能。因此设计时，应在施工图设计文件中注明：住宅建筑火灾声警报器应具有语音提示功能，应同时设置语音同步器。

《火灾自动报警系统设计规范》GB 50116—2013 第 7.1.1 条可见：住宅 A、B、C、D 类系统均包括火灾声警报器，而只有 A 类系统既包括火灾声警报器又包括应急广播。

当住宅建筑未设置应急广播时，根据第 7.5.1 条及条文解释：火灾声警报器应具有语音功能。根据第 4.8.4 条（强制性条款）要求："火灾声警报器设置带有语音提示功能时，应同时设置语音同步器。"

当住宅建筑设置应急广播时，根据 GB 50116—2013 第 4.8.6 条"火灾声警报器单次发出火灾警报时间宜为 8～20s，同时设有消防应急广播时，火灾声警报应与消防应急广播交替循环播放"及第 4.8.9 条"消防应急广播的单次语音播放时间宜为 10～30s，应与火灾声警报器分时交替工作，可采取 1 次火灾声警报器播放、1 次或 2 次消防应急广播播放的交替工作方式循环播放"，可通过对控制器逻辑编程分时交替工作，以避免同时广播混淆听不清的状况。

1.20.6 火警发生时，门禁系统未明确具有消防联动功能，是否违反强制性条款？详见错误图 1.20.6-1。

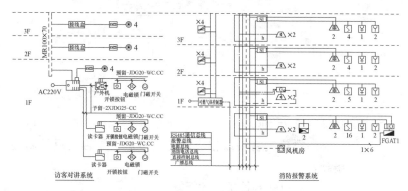

图 1.20.6-1　错误图

结论：属于违反强制性条款的问题。

依据：《出入口控制系统工程设计规范》GB 50396—2007 第9.0.1条【强制性条款】要求："门禁系统必须满足紧急逃生时人员疏散的相关要求。当通向疏散通道方向为防护面时，系统必须与火灾报警系统及其他紧急疏散系统联动，当发生火警或需紧急疏散时，人员不使用钥匙应能迅速安全通过。"

《安全防范工程技术标准》GB 50348—2018 第6.4.7条第11款【强制性条款】要求出入口控制系统"不应禁止由其他紧急系统（如火灾等）授权自由出入的功能。系统必须满足紧急逃生时人员疏散的相关要求。当通向疏散通道方向为防护面时，系统必须与火灾报警系统及其他紧急疏散系统联动，当发生火警或需紧急疏散时，人员应能不用进行凭证识读操作即可安全通过。"

建议：上述规范均提及了门禁系统须满足紧急逃生时人员疏散的要求。设有火灾自动报警系统或联网型门禁系统时，在确认火情后，须在消防控制室集中解除相关部位的门禁。当不设火灾自动报警系统或联网型门禁系统时，要求能在火灾时不需使用任何工具就能从内部徒手打开出口门，以便于人员的逃生。详见正确图 1.20.6-2。

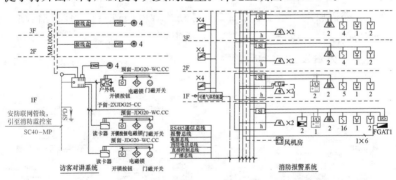

图 1.20.6-2　正确图

1.20.7 建筑高度为 100m 或 35 层以上的住宅建筑，防雷未按第二类防雷建筑物采取相应的防雷设施，是否违反强制性条款？

结论：属于违反强制性条款的问题。

依据:《住宅建筑电气设计规范》JGJ 242—2011 第 10.1.1 条
【强制性条款】要求:"建筑高度为 100m 或 35 层及以上的住宅建
筑和年预计雷击次数大于 0.25 的住宅建筑,应按第二类防雷建筑
物采取相应的防雷措施。"

建议:住宅建筑防雷问题除了需依据《建筑物防雷设计规范》
GB 50057—2010 设计以外,还需关注《住宅建筑电气设计规范》
JGJ 242—2011 的相关条款。建筑高度为 100m 或 35 层及以上的住
宅建筑,其年预计雷击次数不论是否大于 0.25 次/a,均应按照第
二类防雷建筑物采取相应的防雷措施,具体防雷措施应按照《建筑
物防雷设计规范》GB 50057—2010 的相关要求执行。

1.20.8 住宅建筑住户配电箱电源插座和照明回路共用电源回路配
电(非卫生间),电源插座的安装高度为 **0.3m**,选用的电
源插座未标注为安全型,是否违反强制性条款?详见错误
图 **1.20.8-1**。

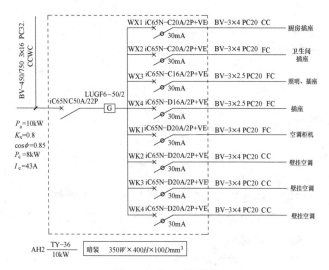

图 1.20.8-1 错误图

结论:属于违反强制性条款的问题。

依据:《住宅建筑规范》GB 50368—2005 第 8.5.5 条【强制性
条款】要求:"住宅套内的电源插座与照明,应分路配电。安装在

1.8m 及以下的插座均应采用安全型插座。"

《住宅设计规范》GB 50096—2011 第 8.7.4 条【强制性条款】要求："套内安装在 1.80m 及以下的插座均应采用安全型插座。"

建议：住宅建筑住户配电箱电源插座和照明回路分开回路配电。为了避免儿童玩弄插座发生触电危险，应在施工图设计文件图例中注明：套内安装在 1.80m 及以下的插座为安全型插座。详见正确图 1.20.8-2。

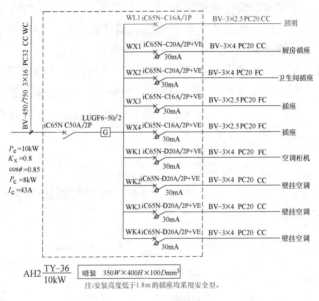

图 1.20.8-2　正确图

1.20.9 住宅建筑住户配电箱设置的总开关采用单极开关或三极开关，不能同时断开相线和中性线，是否违反强制性条款？详见错误图 1.20.9-1。

结论：属于违反强制性条款的问题。

依据：《住宅设计规范》GB 50096—2011 第 8.7.3 条【强制性条款】要求："每套住宅应设置户配电箱，其电源总开关装置应采用可同时断开相线和中性线的开关电器。"

《住宅建筑规范》GB 50368—2005 第 8.5.4 条【强制性条款】

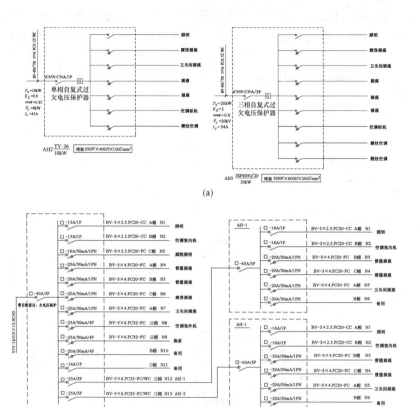

图 1.20.9-1 错误图

（a）住宅套内配电厢系统图；（b）AH 别墅配电箱系统图

要求："每套住宅应设置电源总断路器，总断路器应采用可同时断开相线和中性线的开关电器。"

《住宅建筑电气设计规范》JGJ 242—2011 第 8.4.3 条【强制性条款】要求："家居配电箱应装设同时断开相线和中性线的电源进线开关电器，供电回路应装设短路和过负荷保护电器，连接手持式及移动式家用电器的电源插座回路应装设剩余电流动作保护器。"

建议：每套住宅配电箱内设置的电源总开关应采用可同时断开

相线和中性线的开关电器。为保证日常操作及检修安全，三相电源进户的家居配电箱应在入户总进线处设置能同时断开相线和中性线的开关电器。考虑操作习惯及检修方便，各层配电箱进线开关也建议同时断开相线和中性线。详见正确图 1.20.9-2。

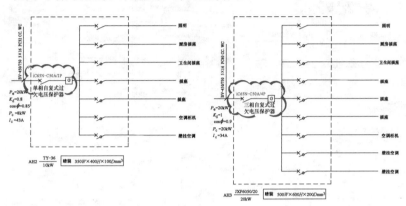

(a)

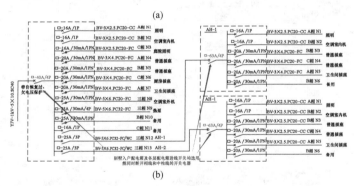

(b)

图 1.20.9-2　正确图

（a）住宅套内配电箱系统图；（b）AH 别墅配电箱系统图

1.20.10　中小学宿舍电源插座没有选用安全型电源插座，是否违反强制性条款？

结论：属于违反强制性条款的问题。

依据：《宿舍建筑设计规范》JGJ 36—2016 第 7.3.4 条【强制性条款】要求："供中小学使用的宿舍，必须采用安全型电源插座。"

建议：考虑中小学生的使用安全，插座应按规范要求明确：选用安全型。

1.20.11　住宅小区内的单体及总平面通信光缆穿线管数量未考虑多家运营商平等接入，是否违反规范？

结论：属于违反强制性条款的问题。

依据：根据《住宅区和住宅建筑内光纤到户通信设施工程设计规范》GB 50846—2012 第 1.0.3 条【强制性条款】要求："住宅区和住宅建筑内光纤到户通信设施工程的设计，必须满足多家电信业务经营者平等接入、用户可自由选择电信业务经营者的要求。"

建议：设计住宅小区内的单体及总平面通信线路时，在总平面中由外网引至小区设备间及由小区设备间引至各用户接入点（电信间）的配线光缆保护管均应考虑不同运营商接入的可能，只留一根穿线管不能满足上述规范的要求。

根据规范设计应确保用户能够自由选择不同电信业务经营者，通信设施容量或空间需要满足多家电信业务经营者的接入。当采用穿管敷设时，由外网引至小区设备间及由小区设备间引至各用户接入点（电信间）的配线光缆均应满足如电信、移动、联通、有线电视等运营商的接入，并留有 10% 的余量，故相应通信线管应设置 5～6 根，当由地下车库沿弱电桥架敷设时，桥架的规格也应考虑多家运营商的接入可能。

1.20.12　某塔楼处于地下室范围内，且与地下室接地装置相连通，塔楼低压电源引自地下室总配电间，其接地系统可否采用 TN-C-S 系统？

结论：属于违反强制性条款的问题。

依据：《建筑物防雷设计规范》GB 50057—2010 第 6.1.2 条【强制性条款】要求："当电源采用 TN 系统时，从建筑物总配电箱起供电给本建筑物内的配电线路和分支线路必须采用 TN-S 系统。"

建议：该塔楼建筑处于地下室范围内，与地下室接地装置联通，且塔楼低压电源从地下室总配电间引来，如采用 TN-C-S 系统，在塔楼内配电间将 PEN 线分为 N 线和 PE 线，由于 PEN 线上有中性线电流，其产生的电压降将在建筑物内导致电位差，引起电子信息设备的干扰，甚至危及人身安全。因此从地下室总配电房起，与地下室共接地装置的建筑，其配电线路均应采用 TN-S系统。

1.20.13 **住宅小区地下车库由一路 10kV 电源供电并设有柴油发电机一台，供电区域内的各一类高层塔楼的低压系统图中，公共照明为一级负荷，却未采用柴油发电机供电，无备用电源，是否可行？**

结论：属于涉及强制性条款的问题。

依据：根据《供配电系统设计规范》GB 50052—2009第3.0.2条【强制性条款】要求："一级负荷应由双重电源供电，当一电源发生故障时，另一电源不应同时受到损坏。"

建议：本小区为一路 10kV 电源供电，柴油发电机出线回路未供各一类高层塔楼部分的公共照明，故违反了上述强条。修改低压配电系统，对于一类高层塔楼部分的公共照明提供发电机供电回路作为备用电源。塔楼公共照明配电箱采用两路电源切换后供电，且应注意消防负荷与非消防负荷分别供电。

1.20.14 **农村民居使用双层彩钢板做屋面及接闪器，且双层彩钢板下方有易燃物品时，钢板厚度小于 0.5mm，是否违反强制性条款？**

结论：属于违反强制性条款问题。

依据：《农村民居雷电防护工程技术规范》GB 50952—2013第3.1.5条【强制性条款】要求："使用双层彩钢板做屋面及接闪器，且双层彩钢板下方有易燃物品时，应符合下列规定：

1 上层钢板厚度不应小于 0.5mm。

2 夹层中保温材料必须为不燃或难燃材料。"

建议：易燃物品的定义比较复杂。在现行国家标准《爆炸和火灾危险环境电力装置设计规范》GB 50058 中为"易燃物质——指易燃气体、蒸汽、液体或薄雾"，在农村民居中一般不会存在易燃物质，但常有棉花、柴草或其他容易被点燃的生活用品，这些物品有可能被雷击金属屋面产生的金属熔化物点燃而发生火灾，因此将该条定为强制性条文。

双层彩钢板的夹层中保温材料要求的不燃或难燃材料指现行国家标准《建筑材料及制品燃烧性能分级》GB 8624 中的 A 级（不燃材料，多采用岩棉、玻璃棉、泡沫陶瓷、发泡水泥、闭孔珍珠岩等）和 B1 级（难燃材料，多采用经特殊处理后的聚苯板、聚氨酯、酚醛树脂、胶粉聚苯粒等）。当采用这些不燃或难燃材料作夹层内保温材料时，就算上层钢板被雷击穿，熔化物也不会点燃保温材料，下层钢板又起到阻隔作用，火灾事故就不易发生。

农村民居使用双层彩钢板做屋面及接闪器，且双层彩钢板下方有易燃物品时，应注意上层钢板厚度不应小于 0.5mm。夹层中保温材料必须为不燃或难燃材料。

第 21 节　工业建筑电气设计涉及强条的错误及解答

1.21.1　仓库疏散门及疏散标志灯如何设置？首层卷帘门设置疏散灯，是否有错？详见错误图 1.21.1。

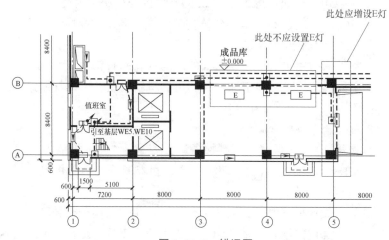

图 1.21.1　错误图

结论：属于涉及强制性条款的问题。

依据：《建筑设计防火规范（2018 年版）》GB 50016—2014 第 6.4.11 条第 2 款【强制性条款】要求："仓库的疏散门应采用向

疏散方向开启的平开门，但丙、丁、戊类仓库首层靠墙的外侧可采用推拉门或卷帘门。"

建议：电气工程师应与建筑设计师沟通确定组织疏散路线及明确疏散门的位置。本工程为粮食成品库，火灾危险性类别为丙类。根据上述规范判定，首层平面图中通往成品库房的卷帘门不可作为疏散门使用，但图纸中却误设了安全出口标志灯；而5轴首层靠墙的外侧卷帘门可作为疏散使用，但图纸中却未设置安全出口标志灯。

仓库的疏散门设置略有特殊性，与规范第1款不同的是，某些特殊场所的卷帘门可以做疏散使用，设计时应根据规范准确判定并设置疏散照明。

1.21.2 建筑高度大于50m的丙类厂房采用二级负荷供电，是否违反强制性条款？厂房如何确定消防负荷等级？

结论：属于违反强制性条款问题。

依据：《建筑设计防火规范（2018年版）》GB 50016—2014第10.1.1条【强制性条款】要求："下列建筑物的消防用电应按一级负荷供电：建筑高度大于50m的乙、丙类厂房和丙类仓库；"

第10.1.2条要求："下列建筑物、储罐（区）和堆场的消防用电应按二级负荷供电：

1 室外消防用水量大于30L/s的厂房（仓库）；

2 室外消防用水量大于35L/s的可燃材料堆场、可燃气体储罐（区）和甲、乙类液体储罐（区）；

3 粮食仓库及粮食筒仓；"

规范第10.1.3条【非强制性条款】要求："除本规范10.1.1条和10.1.2条外的建筑物、储罐（区）和堆场等的消防用电，可按三级负荷供电。"

建议：设计厂房时，其消防负荷等级，应按上述条款确定。

1.21.3 厂房内的卷帘、推拉门上设置出口标志灯，是否满足规范要求？

结论：属于涉及强制性条款的问题。

依据：《建筑设计防火规范（2018年版）》GB 50016—20146.4.11条第1款【强制性条款】要求："建筑内的疏散门应符合下

列规定：

1 民用建筑和厂房的疏散门，应采用向疏散方向开启的平开门，不应采用推拉门、卷帘门、吊门、转门和折叠门。除甲、乙类生产车间外，人数不超过 60 人且每樘门的平均疏散人数不超过 30 人的房间，其疏散门的开启方向不限。"

建议：电气工程师应与建筑设计师沟通确定组织疏散路线及明确疏散门的位置，民用建筑和厂房的卷帘、推拉门不能作为疏散门，门上不应设置出口标志灯。

1.21.4 人员密集的厂房内的生产场所及疏散走道未设置疏散照明，是否违反强制性条款要求？

结论：属于违反强制性条款的问题。

依据：(1)《建筑设计防火规范（2018 年版）》GB 50016—2014 第 10.3.1 条第 5 款【强制性条款】要求："除建筑高度小于 27m 的住宅建筑外，民用建筑、厂房和丙类仓库的下列部位应设置疏散照明：

5 人员密集的厂房内的生产场所及疏散走道。"

该条条文说明："这些部位主要为人员安全疏散必须经过的重要节点部位和建筑内人员相对集中、人员疏散时易出现拥堵情况的场所。"

(2) 中华人民共和国消防法（2009 年 5 月 1 日起施行）第七十三条表示："（四）人员密集场所，是指公众聚集场所，医院的门诊楼、病房楼，学校的教学楼、图书馆、食堂和集体宿舍，养老院，福利院，托儿所，幼儿园，公共图书馆的阅览室，公共展览馆、博物馆的展示厅，劳动密集型企业的生产加工车间和员工集体宿舍，旅游、宗教活动场所等。"

(3)《建筑内部装修设计防火规范》GB 50222—2017 第 6.0.1 条【强制性条款】条文说明："劳动密集型的生产车间主要指：生产车间员工总数超过 1000 人或者同一工作时段员工人数超过 200 人的服装、鞋帽、玩具、木制品、家具、塑料、食品加工和纺织、印染、印刷等劳动密集型企业。"

建议：综上所述，劳动密集型的生产加工车间、员工集体宿舍内需要设置疏散照明。

1.21.5 **人员密集的厂房内疏散照明的地面最低水平照度低于 3.0lx，是否满足规范要求？**

结论：属于违反强制性条款的问题。

依据：《建筑设计防火规范（2018 年版）》GB 50016—2014 第 10.3.2 条第 2、3 款【强制性条款】要求："建筑内疏散照明的地面最低水平照度应符合下列规定：

2 对于人员密集场所、避难层（间），不应低于 3.0lx；对于老年人照料设施、病房楼或手术部的避难间，不应低于 10.0lx。

3 对于楼梯间、前室或合用前室、避难走道，不应低于 5.0lx；对于人员密集场所、老年人照料设施、病房楼或手术部内的楼梯间、前室或合用前室、避难走道，不应低于 10.0lx。"

建议：人员密集的厂房内的生产场所疏散照明的地面最低水平照度不应低于 3.0lx，楼梯间、前室或合用前室、避难走道，则不应低于 10.0lx。

1.21.6 **设置机械排烟系统的厂房内未设置火灾探测器，是否违反强制性条款？详见错误图 1.21.6-1。**

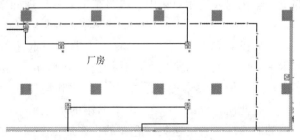

图 1.21.6-1 错误图

结论：属于违反强制性条款的问题。

依据：(1)《建筑设计防火规范（2018 年版）》GB 50016—2014 第 8.4.1 条【强制性条款】要求："下列建筑或场所应设置火灾自动报警系统：

13 设置机械排烟、防烟系统，雨淋或预作用自动喷水灭火系统，固定消防水炮灭火系统、气体灭火系统等需与火灾自动报警系统联锁动作的场所或部位。"

（2）《火灾自动报警系统设计规范》GB 50116—2013 第 4.5.2 条【非强制性条款】："排烟系统的联动控制方式应符合下列规定：

1 应由同一防烟分区内的两只独立的火灾探测器的报警信号，作为排烟口、排烟窗或排烟阀开启的联动触发信号，并应由消防联动控制器联动控制排烟口、排烟窗或排烟阀的开启，同时停止该防烟分区的空气调节系统。"

建议：综合上述条款，设置机械排烟系统的厂房应增设火灾报警探测器，作为排烟口、排烟窗或排烟阀开启的联动触发信号。详见正确图 1.21.6-2。

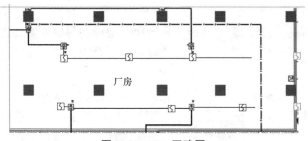

厂房

图 1.21.6-2　正确图

1.21.7 医药洁净厂房消防救援窗处未设置标志，是否违反强制性条款？详见错误图 1.21.7-1。

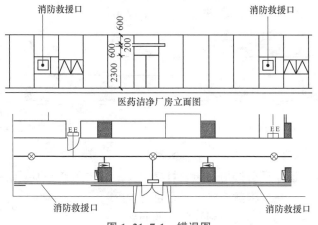

消防救援口　　　　　　消防救援口

医药洁净厂房立面图

消防救援口　　　　　　消防救援口

图 1.21.7-1　错误图

结论：属于违反强制性条款的问题。

依据：（1）《建筑设计防火规范（2018 年版）》GB 50016—2014 第 7.2.4 条【强制性条款】要求："厂房、仓库、公共建筑的外墙应在每层的适当位置设置可供消防救援人员进入的窗口。"

《建筑设计防火规范（2018 年版）》GB 50016—2014 第 7.2.5 条【非强制性条款】："供消防救援人员进入的窗口的净高度和净宽度均不应小于 1.0m，下沿距室内地面不宜大于 1.2m，间距不宜大于 20m，且每个防火分区不应少于 2 个，设置位置应与消防车登高操作场地相对应。窗口的玻璃应易于破碎，并应设置可在室外易于识别的明显标志。"

（2）《医药工业洁净厂房设计标准》GB 50457—2019 第 8.2.9 条【非强制性条款】："医药工业洁净厂房应在每层外墙设置可供消防救援人员进入的窗口。窗口的设置应符合现行国家标准《建筑设计防火规范》GB 50016 的有关规定。"

《医药工业洁净厂房设计标准》GB 50457—2019 第 11.2.8 条【强制性条款】："医药工业洁净厂房内应设置消防应急照明。在安全出口和疏散通道及转角处设置的疏散标志，应符合现行国家标准《建筑设计防火规范》GB 50016 的有关规定。在消防救援窗处应设置红色应急照明灯。"

建议：综合上述规范，医药洁净厂房消防救援窗处应设置红色应急照明灯。详见正确图 1.21.7-2。

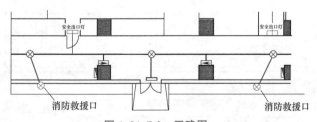

图 1.21.7-2　正确图

1.21.8　洁净厂房选用普通型灯具，安装方式为嵌入顶棚暗装，没有采取密封措施，是否可行？

结论：属于违反强制性条款的问题。

依据：按《洁净厂房设计规范》GB 50073—2013 第 9.2.2 条
【强制性条款】要求："洁净室内一般照明灯具应为吸顶明装。当灯
具嵌入顶棚暗装时，安装缝隙应有可靠的密封措施。洁净室应采用
洁净室专用灯具。"

建议：照明灯具的安装方式是洁净室照明设计的重要课题之
一。随着洁净技术的发展，普遍认为要保持洁净室内的洁净度关键
有三个要素：（1）使用合适的高效过滤器。（2）解决好气流流型，
维持室内外压差。（3）保持室内免受污染。因此，能否保持洁净度
主要取决于净化空调系统及选用的设备，当然也要消除工作人员及
其他物体的尘源。众所周知，照明灯具并不是主要尘源，但如果安
装不妥，将会通过灯具缝隙渗入尘粒。实践证明，灯具嵌入顶棚暗
装，在施工中往往与建筑配合误差较大，造成密封不严，不能达到
预期效果，而且投资大，发光效率低。实践和测试结果表明，在非
单向流洁净室中，照明灯具明装并不会使洁净度等级有所下降。鉴
于以上原因，在洁净室中灯具安装应以吸顶明装为好。

**1.21.9 洁净厂房未设置备用照明，是否违反强制性条款？备用照
明的供电电源、备用电源，连续工作时间有何要求？详见
错误图 1.21.9-1。**

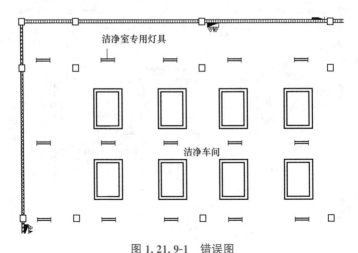

图 1.21.9-1　错误图

结论：属于违反强制性条款的问题。

依据：《洁净厂房设计规范》GB 50073—2013 第 9.2.5 条第 1 款【强制性条款】要求："洁净厂房内备用照明的设置应符合下列规定：

1 洁净厂房内应设置备用照明。

2 备用照明宜作为正常照明的一部分。

3 备用照明应满足所需场所或部位进行必要活动和操作的最低照度。"

建议：原设计中仅将普通照明灯具更换为洁净室专用灯具，并未按备用照明要求进行规范设计。洁净厂房的备用照明属于非消防备用照明，可将部分厂房照明灯具更换为自带电源的照明灯具，以满足备用照明最低照度要求。采用正常市电作为备用照明的主供电电源，利用自带蓄电池作为备用照明的备用电源（在《建筑照明设计标准》GB 50034—2013 中将此备用电源称为备用照明的应急电源），连续工作时间规范未作规定，应按照工艺要求确定，以满足在正常照明故障时有必要的操作处置时间为原则。详见正确图 1.21.9-2。

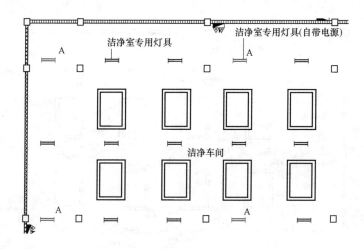

图 1.21.9-2　正确图

1.21.10 洁净厂房在专用消防口处未设置疏散标志，是否违反强制性条款？

结论：属于涉及强制性条款的问题。

依据：洁净厂房应急照明设置部位，详述如下：

(1)《建筑设计防火规范（2018 年版）》GB 50016—2014 第 10.3.1 条【强制性条款】要求："除建筑高度小于 27m 的住宅建筑外，民用建筑、厂房和丙类仓库的下列部位应设疏散照明：

1 封闭楼梯间、防烟楼梯间及其前室、消防电梯间前室或合用前室、避难走道、避难层（间）；

2 观众厅、展览厅、多功能厅和建筑面积大于 200m² 的营业厅、餐厅、演播室等人员密集的场所；

3 建筑面积大于 100m² 的地下或半地下公共活动场所；

4 公共建筑内的疏散走道；

5 人员密集的厂房内的生产场所及疏散走道。"

(2)《洁净厂房设计规范》GB 50073—2013 第 9.2.6 条【强制性条款】要求："洁净厂房内应设置供人员疏散用的应急照明。在安全出口、疏散口和疏散通道转角处应按现行国家标准《建筑设计防火规范》GB 50016 的有关规定设置疏散标志。在专用消防口处应设置疏散标志。"其条文说明解释："洁净厂房是一个相对的密闭体，室内人员流动路线复杂，出入通道迂回，为便于事故情况下人员的疏散，及火灾时能救灾灭火，所以洁净厂房应设置供人员疏散用的应急照明。在专用消防口设红色应急灯，以便于消防人员及时进入厂房进行灭火。"

(3)《电子工业洁净厂房设计规范》GB 50472—2008 第 12.2.4 条【强制性条款】要求："洁净厂房内应设置供人员疏散用的应急照明，其照度不应低于 5.0lx。在安全出入口、疏散通道或疏散通道转角处应设置疏散标志。在专用消防口应设置红色应急照明指示灯。由于洁净厂房的密闭性和基本采用人工照明的特点，所以目前已建的洁净厂房内均设有供人员疏散用的应急照明。设置应急照明的部位包括洁净室（区）、技术夹层和疏散通道等。"

(4)《医药工业洁净厂房设计标准》GB 50457—2019

第11.2.8条【强制性条款】要求:"医药工业洁净厂房内应设置消防应急照明。在安全出口和疏散通道及转角处设置的疏散标志,应符合现行国家标准《建筑设计防火规范》GB 50016的有关规定。在消防救援窗处应设置红色应急照明灯。"

建议:洁净厂房应急照明的设置部位,除了《建筑设计防火规范(2018年版)》GB 50016—2014第10.3.1条规定的场所以外,还应在洁净室(区)和疏散通道设置。洁净厂房疏散照明的地面最低水平照度,电子工业洁净厂房不应低于5.0lx,其他洁净厂房可参照人员密集的厂房,不低于3.0lx。专用消防口应设置红色应急照明指示灯。详见正确图1.21.10。

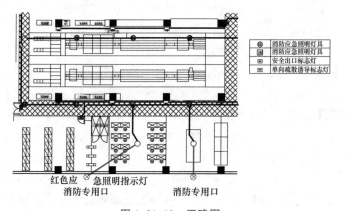

图1.21.10 正确图

1.21.11 洁净厂房未设置火灾自动报警系统,是否可行?洁净厂房的消防控制室设计有何特殊要求?

结论:属于违反强制性条款的问题。

依据:《洁净厂房设计规范》GB 50073—2013第9.3.3条【强制性条款】要求:"洁净厂房的生产层、技术夹层、机房、站房等均应设置火灾报警探测器。洁净厂房生产区及走廊应设置手动火灾报警按钮。"

《洁净厂房设计规范》GB 50073—2013第9.3.4条【强制性条款】要求:"洁净厂房应设置消防值班室或控制室,并不应设在洁净区内。消防值班室应设置消防专用电话总机。"

建议：洁净厂房布局迂回曲折，人员疏散较困难，火情不易被发现，消防人员也难以扑救，因此洁净厂房必须设置火灾自动报警系统，不受洁净厂房面积限制。洁净厂房的消防控制室不应设置在洁净区内。

1.21.12 洁净厂房的火灾报警及消防联动控制功能不全面，是否违反强制性条款？

结论：属于违反强制性条款的问题。

依据：《洁净厂房设计规范》GB 50073—2013 第 9.3.5 条【强制性条款】表示："洁净厂房的消防控制设备及线路连接应可靠。控制设备的控制及显示功能应符合现行国家标准《火灾自动报警系统设计规范》GB 50116 的有关规定。洁净区内火灾报警应进行核实，并应进行下列消防联动控制：

1 应启动室内消防水泵，接收其反馈信号。除自动控制外，还应在消防控制室设置手动直接控制装置。

2 应关闭有关部位的电动防火阀，停止相应的空调循环风机、排风机及新风机，并应接收其反馈信号。

3 应关闭有关部位的电动防火门、防火卷帘门。

4 应控制备用应急照明灯和疏散标志灯燃亮。

5 在消防控制室或低压配电室，应手动切断有关部位的非消防电源。

6 应启动火灾应急扩音机，进行人工或自动播音。

7 应控制电梯降至首层，并接收其反馈信号。"

建议：洁净厂房的消防联动控制与《火灾自动报警系统设计规范》GB 50116—2013 的要求有细小差别，且在洁净厂房内，消防联动控制各条均为强制性条款，实践中应综合两本规范的要求进行设计，应注意 GB 50073—2013 第 9.3.5 条要求的七项消防联动控制措施。

1.21.13 洁净厂房内易燃、易爆气体、液体的贮存和使用场所未设置可燃气体探测器或气体检测器，或未联动控制事故风机，是否违反强制性条款？

结论：属于违反强制性条款的问题。

依据：洁净厂房内可燃气体探测器或气体检测器的场所规定见

《洁净厂房设计规范》GB 50073—2013 第 9.3.6 条【强制性条款】要求:"洁净厂房中易燃、易爆气体、液体的贮存和使用场所及入口室或分配室应设可燃气体探测器。有毒气体、液体的贮存和使用场所应设气体检测器。报警信号应联动启动或手动启动相应的事故排风机,并应将报警信号送至消防控制室。"

建议:由于各类洁净厂房中,不仅使用易燃、易爆气体和有毒气体,有的洁净厂房还使用易燃、易爆液体和有毒液体等,所以本条将条文中除"气体"外增加"液体"。通常易燃、易爆液体泄漏后,可挥发为液体蒸气或相变为气态,可通过气体或液体蒸气进行检测报警;某些液体可能泄漏后不会很快挥发,此时应设置液体泄漏探测器等。

设计中应落实工艺要求,判定哪些场所需设置可燃气体探测器或气体探测器。如某洁净厂房内设液氮间,用于存放液氮压力容器,液氮间根据规范要求设置气体检测器,并设置专用事故风机,气体检测器的报警信号联动启动事故排风机,并将报警信号送至消防控制室。事故风机按照《民用建筑供暖通风与空气调节设计规范》GB 50736—2012 第 6.3.9 条的要求在液氮室内外分别设置事故通风的手动控制装置。详见正确图 1.21.13。

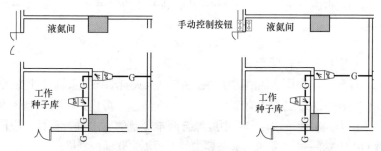

图 1.21.13　正确图

1.21.14　洁净厂房内可能产生静电危害的设备未设置防静电接地,是否违反强制性条款?有爆炸和火灾危险场所的设备、管道应如何接地?

结论:属于违反强制性条款的问题。

依据：《洁净厂房设计规范》GB 50057—2013 第 9.5.4 条【强制性条款】要求："洁净室内可能产生静电危害的设备、流动液体、气体或粉体管道应采取防静电接地措施，其中有爆炸和火灾危险场所的设备、管道应符合现行国家标准《爆炸和火灾危险环境电力装置设计规范》GB 50058 的有关规定。"

《爆炸危险环境电力装置设计规范》GB 50058—2014 第 5.5.2 条【非强制性条款】表示："爆炸性气体环境中应设置等电位联结，所有裸露的装置外部可导电部件应接入等电位系统。本质安全型设备的金属外壳可不与等电位系统连接，制造厂有特殊要求的除外。具有阴极保护的设备不应与等电位系统连接，专门为阴极保护设计的接地系统除外。"第 5.5.3 条（非强制性条款）表示："爆炸性环境内设备的保护接地应符合下列规定：

1 按照现行国家标准《交流电气装置的接地设计规范》GB/T 50065 的有关规定，下列不需要接地的部分，在爆炸性环境内仍应进行接地：

1）在不良导电地面处，交流额定电压为 1000V 以下和直流额定电压为 1500V 及以下的设备正常不带电的金属外壳；

2）在干燥环境，交流额定电压为 127V 及以下，直流电压为 110V 及以下的设备正常不带电的金属外壳；

3）安装在已接地的金属结构上的设备。

2 在爆炸危险环境内，设备的外露可导电部分应可靠接地。爆炸性环境 1 区、20 区、21 区内的所有设备以及爆炸性环境 2 区、22 区内除照明灯具以外的其他设备应采用专用的接地线。该接地线若与相线敷设在同一保护管内时，应具有与相线相等的绝缘。爆炸性环境 2 区、22 区内的照明灯具，可利用有可靠电气连接的金属管线系统作为接地线，但不得利用输送可燃物质的管道。

3 在爆炸危险区域不同方向，接地干线应不少于两处与接地体连接。"

建议：洁净室内可能产生静电的设备，流动液体、气体、粉体管道均应设置防静电接地措施。洁净室内设置等电位接地网格或截面积不小于 100mm^2 的闭合接地铜排环，产生静电的设备、管道采用多股铜线（截面积不小于 $1.5mm^2$）就近与接地网格或接地铜排环相连。

爆炸性环境中应设等电位联结，接地干线不少于 2 处与接地体相连，所有装置、设备的外露可导电部分接入等电位系统。

1.21.15　冷库内的电缆线路敷设未考虑冷桥问题，是否违反强制性条款？

结论：属于违反强制性条款的问题。

依据：《冷库设计规范》GB 50072—2010 第 7.3.8 条【强制性条款】要求："穿过冷间保温层的电气线路应相对集中敷设，且必须采取可靠的防火和防止产生冷桥的措施。"

建议：电气线路穿过冷间保温墙处如处理不当，不仅会出现冰霜，造成冷量损失，导致保温层局部失效，同时是潜在的引起电气火灾的隐患，因此必须采取可靠的保温密封处理措施，电气线路应相对集中敷设。

1.21.16　某家具制作厂为单层建筑，建筑面积约 $2200m^2$，未设置火灾自动报警系统，是否违反规范要求？

结论：属于违反强制性条款的问题。

依据：《建筑设计防火规范（2018 年版）》GB 50016—2014 第 8.4.1 条第 1 款【强制性条款】要求："任一层建筑面积大于 $1500m^2$ 或总建筑面积大于 $3000m^2$ 的制鞋、制衣、玩具、电子等类似用途的厂房应设置火灾自动报警系统。"

建议：上述案例的家具制作厂应设置火灾自动报警系统。

制鞋、制衣、玩具、电子等厂房的共同特点是建筑面积大、同一时间内人员密度较大、可燃物多、人员不易疏散。类似火灾危险性的厂房，如家具厂、纸壳箱厂、塑料制品厂、箱包厂、电器制造厂等丙类厂房任一层建筑面积大于 $1500m^2$ 或总建筑面积大于 $3000m^2$ 时也应设置火灾自动报警系统。

1.21.17　某物流仓库每层建筑面积 $1200m^2$，共四层，建设阶段定义为存储丙类物品，未设置火灾自动报警系统，是否违反规范要求？

结论：属于违反强制性条款的问题。

依据：《建筑设计防火规范（2018 年版）》GB 50016—2014
第 8.4.1 条第 2 款【强制性条款】要求："每座占地面积大于 $1000m^2$
的棉、毛、丝、麻、化纤及其制品的仓库，占地面积大于 $500m^2$ 或总
建筑面积大于 $1000m^2$ 的卷烟仓库；应设置火灾自动报警系统。"

建议：上述案例内应设置火灾自动报警系统。

丙类仓库存储物品十分广泛，包括闪点≥60℃液体和可燃固
体。丙类液体包括动物油，植物油，沥青，蜡，润滑油，机油，重
油，闪点≥60℃的柴油、糠醛，50～60℃的白酒；丙类固体包括化
学、人造纤维及其织物，纸张，棉、毛、丝、麻及其织物，谷物，
面粉，粒径大于或等于 2mm 的工业成型硫黄，天然橡胶及其制
品，竹、木及其制品，中药材，电视机、收录机等电子产品，计算
机房已录数据的磁盘储存间，冷库中的鱼、肉间等。

由于丙类仓库涵盖物品种类丰富，可燃物多，火灾危险性大，
因此占地面积大于 $1000m^2$ 的丙类仓库应设置火灾自动报警系统。

1.21.18 当厂房设置自动排烟窗时，未设置火灾自动报警系统，是否违反强制性条款？

结论：属于违反强制性条款的问题。

依据：《建筑设计防火规范（2018 年版）》GB 50016—2014
第 8.4.1 条第 13 款【强制性条款】要求："设置机械排烟、防烟系
统，雨淋或预作用自动喷水灭火系统，固定消防水炮灭火系统、气
体灭火系统等需与火灾自动报警系统联锁动作的场所或部位（应设
置火灾自动报警系统）。"

建议：当厂房需要设自然排烟窗时，一般分为手动操作和自动
操作，若采用手动控制，则与火灾自动报警系统无关。当厂房属于
高大空间时，宜选择有针对性的、电动操作的控制方式，此控制方
式又分为手动的电动排烟窗和自动排烟窗，当明确采用自动排烟窗
时，根据《建筑防烟排烟系统技术标准》GB 51251—2017 第
5.2.6 条要求"自动排烟窗可采用与火灾自动报警系统联动和温度
释放装置联动的控制方式。当采用与火灾自动报警系统自动启动
时，自动排烟窗应在 60s 内或小于烟气充满储烟仓时间内开启完
毕。带有温控功能自动排烟窗，其温控释放温度应大于环境温度

30℃且小于100℃。"因此，设有自动排烟窗联动开启的厂房，应设置火灾自动报警系统。

1.21.19 粮食加工车间、存储仓库为22区时，建筑防雷等级定为三级，是否违反强制性条款？

结论：属于违反强制性条款的问题。

依据：《建筑物防雷设计规范》GB 50057—2010 第 3.0.3 条第7 款【强制性条款】要求："具有 22 区爆炸危险场所的建筑物应划为第二类防雷建筑物。"《粮食钢板筒仓设计规范》GB 50322—2011 第 8.6.1 条【强制性条款】也有此要求："粮食钢板筒仓防雷设计应符合现行国家标准《建筑物防雷设计规范》GB 50057 中第二类防雷建筑物的防雷要求。"

建议：粮食加工、储运工程的粉尘爆炸危险场所按照《粮食加工、储运系统粉尘防爆安全规程》GB 17440—2008 第 4.2 条要求划分，当划分为 22 区爆炸危险场所时，其建筑物防雷等级应划为第二类防雷建筑物。

1.21.20 起重机的滑触线上的配电回路接入了插座负载，是否违反强制性条款？

结论：属于违反强制性条款的问题。

依据：按《通用用电设备配电设计规范》GB 50055—2011 第 3.1.13 条【强制性条款】要求："在起重机的滑触线上严禁连接与起重机无关的用电设备。"

建议：滑触线上配电回路取消插座负载，插座负载由备用配电回路引入。

1.21.21 工业企业电气设备应考虑抗震问题，重要电气设备按本地区抗震设防烈度采取抗震措施，是否可行？

结论：属于违反强制性条款问题。

依据：《工业企业电气设备抗震设计规范》GB 50556—2010 第3.0.5 条【强制性条款】要求："重要电气设备应按本地区抗震设防烈度提高一度采取抗震措施，但抗震设防烈度为 9 度时，应按比9 度更高要求采取抗震措施；地震作用计算所采用的设计基本地震加速度值应提高 0.05g，但设计基本地震加速度为 0.20g 及以上时不再提高"，第3.0.8条要求："各类电气设备应可靠地固定在基础或支座上。"

建议：设计时工业企业电气设备抗震，应按上述条款要求设防，规范所说的重要电气设备是指总变电所的主变压器及其他关键设备等。

1.21.22 电子工业厂房的氢氦站内未设防静电措施，氢气间入口处的静电消除器未设置防爆型产品，是否违反强制性条款？

结论：属于违反强制性条款的问题。

依据：《电子工业洁净厂房设计规范》GB 50472—2008第10.2.5条第4、5款【强制性条款】规定："气体纯化间（站）或气体入口室内，设有氢气等可燃气体纯化装置或管道时，气体纯化间（站）或气体入口室的火灾危险性应按甲类确定，并应符合下列规定：

4 应设置气体泄漏报警装置，并应与事故排风装置联锁。

5 应设置导除静电的接地设施。"

《防静电工程施工与质量验收规范》GB 50944—2013第12.1.4条【强制性条款】要求："易燃易爆的场所应选用防爆型静电消除装置。"

建议：氢氦站内的氢气间、氦气间内有气体管道，应设防静电接地措施；氢气存放间属易燃易爆场所，其入口处的静电消除器应采用防爆型，因普通的静电消除器其裸露的高压电极对空气放电产生的电火花会引燃易燃易爆物质，故应选用防爆型静电消除器。

第22节 其他建筑电气设计涉及强条的错误及解答

1.22.1 《建筑设计防火规范》中的名词"老年人照料设施"应如何理解？老年人照料设施中的老年人用房及其公共走道未设置火灾探测器和声警报装置或消防广播，是否可行？哪种情况可以采用独立式火灾探测报警器？

结论：属于涉及强制性条款的问题。

依据：《老年人照料设施建筑设计标准》JGJ 450—2018 第 1.0.2 条【非强制性条款】明确："该标准适用于新建、改建和扩建的设计总床位数或老年人总数不少于 20 床（人）的老年人照料设施建筑设计。"

而《建筑设计防火规范（2018 年版）》GB 50016—2014 第 5.1.1 条【非强制性条款】条文说明中的说法与其一致，"本规范条文中的'老年人照料设施'是指现行行业标准《老年人照料设施建筑设计标准》JGJ 450—2018 中床位总数（可容纳老年人总数）大于或等于 20 床（人），为老年人提供集中照料服务的公共建筑，包括老年人全日照料设施和老年人日间照料设施。其他专供老年人使用的、非集中照料的设施或场所，如老年大学、老年活动中心等不属于老年人照料设施"。

《建筑设计防火规范（2018 年版）》GB 50016—2014 第 8.4.1 条【强制性条款】要求："老年人照料设施中的老年人用房及其公共走道，均应设置火灾探测器和声警报装置或消防广播。"

建议：为使老年人照料设施中的人员能及时获知火灾信息，及早探测火情，规范要求在老年人照料设施中的老年人生活用房、老年人公共活动用房及康复与医疗用房等老年人用房及公共走道处设置相应的火灾报警和警报装置。因此，在老年人总数不少于 20 床（人）的老年人照料设施中漏设火灾探测器和声警报装置或消防广播的问题是违反强制性条款要求的，设计应予以完善。

值得注意的是，《建筑设计防火规范（2018 年版）》GB 50016—2014 第 8.4.1 条条文说明中明确表示，当老年人照料设施单体的总建筑面积小于 $500m^2$ 时，也可以采用独立式烟感火灾探测报警器。独立式烟感探测器适用于受条件限制难以按标准设置火灾自动报警系统的场所，如规模较小的建筑或既有建筑改造等。独立式烟感探测器可通过电池或者生活用电直接供电，安装使用方便，能够探测火灾时产生的烟雾，及时发出报警，可以实现独立探测、独立报警。

目前很多养老服务驿站都是通过对既有建筑的改造来实现的，

总建筑面积较小（总建筑面积小于 500m²），人数不属于大于或等于 20 床（人）的情况，这类建筑不在规范所提及的范畴内，如条件受限，可以参照独立式烟感探测器执行。

1.22.2 变配电房位于老年人照料设施的老年人居室和老年人休息室的正下方，是否可行？

结论：属于违反强制性条款的问题。

依据：《老年人照料设施建筑设计标准》JGJ 450—2018 第 6.5.3 条【强制性条款】要求："老年人照料设施的老年人居室和老年人休息室不应与电梯井道、有噪声振动的设备机房等相邻布置。"该条条文解释明确："相邻布置是指在房间或场所的上一层、下一层或贴临的布置。"

建议：变配电房的噪声及振动主要来源于变压器，变压器其铁心的硅钢片伸缩变形、绕组的电磁力以及冷却风机的运行，均会产生振动，并引起噪声，因此变配电房属于有噪声振动的设备机房。设计时应根据建筑专业提供的平面图，合理布置变配电房，避免在老年人居室、老年人休息室等房间、场所的上一层、下一层或贴临布置。

1.22.3 室外排水泵站的负荷等级为三级负荷，是否满足规范要求？

结论：属于违反强制性条款的问题。

依据：《室外排水设计规范（2016 年版）》GB 50014—2006 第 5.1.9 条【强制性条款】要求："排水泵站供电应按二级负荷设计，特别重要地区的泵站，应按一级负荷设计。当不能满足上述要求时，应设置备用动力设施。"

《城镇给水排水技术规范》GB 50788—2012 第 7.3.1 条【强制性条款】要求："电源和供电系统应满足城镇给水排水设施连续、安全运行的要求。"该条条文解释："原建设部《城市污水处理工程项目建设标准》规定，污水处理厂、污水泵站的供电负荷等级应采用二级。对于重要的地区排水泵站和城镇排水干管提升泵站，一旦停运将导致严重积水或整个干管系统无法发挥效用，带来重大经济损失甚至灾难性后果，其供电负荷等级也适用一级。在供电条件较差的地区，当外部电源无法保障重要的给水排水设施连续运行或达到所需要的能力，一定要设置备用的动力装备。室外给水排水设施采用的备用动力装备包括柴油发电机或柴油机直接拖动等形式。"

建议：设计时应根据排水泵站的重要性，按照一级负荷或者二级负荷设计。一级负荷、二级负荷的供电要求应按《民用建筑电气设计标准》GB 51348—2019 相关条款设计。在无法满足前述一、二级负荷电源要求的场所，应设置柴油发电机作为应急电源，小型泵站设置固定柴油发电机不经济时，应预留移动式柴油发电机的接口。

1.22.4 消防站内没有设置警铃，车库大门一侧没有安装车辆出动的警灯和警铃，是否违反强制性条款的要求？详见错误图1.22.4-1。

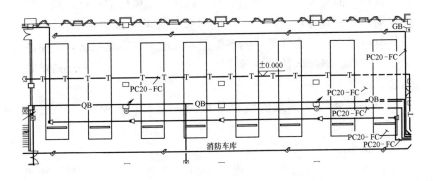

图1.22.4-1 错误图

结论：属于违反强制性条款的问题。

依据：按《城市消防站设计规范》GB 51054—2014 第6.5.4条【强制性条款】要求："消防站内必须设有警铃，并应在车库大门一侧安装车辆出动的警灯和警铃。"

建议：在站内增设警铃，在车库大门一侧安装车辆出动的警灯和警铃。详见正确图1.22.4-2。

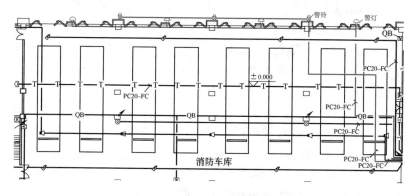

图 1.22.4-2 正确图

1.22.5 硅烷站站内设有事故风机，但未在站外设紧急按钮，是否违反强制性条款？

结论：属于违反强制性条款的问题。

依据：《特种气体系统工程技术规范》GB 50646—2011第5.4.7条【强制性条款】要求："封闭的硅烷站应设置事故排风，硅烷站外应设置紧急按钮。"

《民用建筑供暖通风与空气调节设计规范》GB 50736—2012第6.3.9条第2款："事故通风应根据放散物的种类，设置相应的检测报警及控制系统。事故通风的手动控制装置应在室内外便于操作的地点分别设置。"

建议：硅烷站站内设有事故风机，应在室内外便于操作处设置事故风机的手动控制装置（紧急按钮）。

1.22.6 氧气站未考虑防静电及防雷等级方面的特殊要求，是否涉及强制性条款？

结论：属于违反强制性条款的问题。

依据：《氧气站设计规范》GB 50030—2013第8.0.2条【强制性条款】要求："有爆炸危险、火灾危险的房间或区域内的电气设施应符合现行国家标准《爆炸和火灾危险环境电力装置设计规范》GB 50058 的有关规定。催化反应炉部分和氢气瓶间应为 1 区爆炸危险区，离心式氧气压缩机间、液氧系统设施、氧气调压阀组间应为 21 区火灾危险区，氧气灌瓶间、氧气贮罐间、氧气贮气囊间等应为 22 区火灾危险区。"

《氧气站设计规范》GB 50030—2013 第 8.0.8 条【强制性条款】要求："积聚液氧、液体空气的各类设备、氧气压缩机、氧气灌充台和氧气管道应设导除静电的接地装置，接地电阻不应大于 10Ω。"

《建筑物防雷设计规范》GB 50057—2010 第 3.0.3 条【强制性条款】规定："在可能发生对地闪击的地区，遇下列情况之一时，应划为第二类防雷建筑物：

6 具有 1 区或 21 区爆炸危险场所的建筑物，且电火花不易引起爆炸或不致造成巨大破坏和人身伤亡者。

7 具有 2 区或 22 区爆炸危险场所的建筑物。

8 有爆炸危险的露天钢质封闭气罐。"

建议：该类场所的设计，应综合考虑上述规范要求，判定爆炸危险区域划分后落实防雷等级，并按要求做好防静电接地。

1.22.7 景观水池内电气设备采用交流 220V 或交流 36V 电压供电，未明确其防触电等级及防护等级，是否违反强制性条款？详见错误图 1.22.7-1。

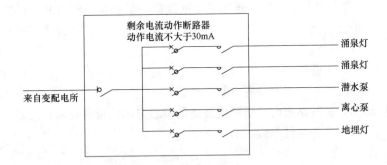

图 1.22.7-1 错误图

结论：属于违反强制性条款的问题。

依据：根据《城市绿地设计规范（2016 年版）》GB 50420—2007 第 8.3.5 条【强制性条款】要求："安装在水池内、旱喷泉内的水下灯具必须采用防触电等级为Ⅲ类、防护等级为 IPX8 的加压水密型灯具，电压不得超过 12V。旱喷泉内禁止直接使用电压超过 12V 的潜水泵。"

建议：上述图纸在景观水池配电系统中未采用不超过 12V 电压供电，未明确其防触电等级及防护等级，违反了强制性条款。

《建筑物电气装置第 7 部分：特殊装置或场所的要求第 702 节：游泳池和喷泉》GB 16895.19—2017 第 702.30.101 条"预期让人进入喷泉的水池和积水处，按游泳池 0 区和 1 区的规定和要求执行。"第 702.410.3.101.1 条"0 区和 1 区只允许采用标称电压不大于交流 12V 或直流 30V 的 SELV 保护方式。"

几本规范的电压等级、规定的严格程度不同，《城市绿地设计规范（2016 年版）》GB 50420—2007 要求最严为强条，为确保人身安全，对于人员可能进入的景观水池、旱喷泉应按游泳池安全防护要求设计，为符合规范强制性条文的规定，安装于水池内、旱喷泉内的电气设备应采用防触电等级为Ⅲ类、防护等级为 IPX8 的加压水密型设备，并均应采用安全特低压供电，且电压不超过 12V，详见正确图 1.22.7-2。具体做法可参照《水下及潮湿环境电气设备设计与安装》16D401-5。

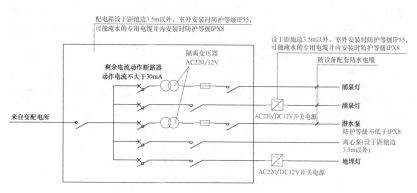

图 1.22.7-2　正确图

1.22.8　物流类建筑叉车充电区未设置气体报警装置，有何问题？

结论：属于违反强制性条款问题。

依据：《建筑设计防火规范》GB 50016—2014 第 8.4.3 条【强制性条款】要求："建筑内可能散发可燃气体、可燃蒸汽的场所应设置可燃气体报警装置。"

《物流建筑设计规范》GB 51157—2016 第 15.8.2 条【非强制性条款】："搬运车辆充电间（区）应设置氢气探测器。"

建议：设计时物流类建筑叉车充电区，应设置相应的气体报警装置。

1.22.9 ABSL-3 中的 b2 类实验室和四级生物安全实验室未按一级负荷供电，不满足双重电源的要求，是否违反强制性条款？

结论：属于违反强制性条款的问题。

依据：《生物安全实验室建筑技术规范》GB 50346—2011 第 7.1.2 条【强制性条款】要求："BSL-3 实验室和 ABSL-3 中的 a 类和 b1 类实验室应按一级负荷供电，当按一级负荷供电有困难时，应采用一个独立供电电源，且特别重要负荷应设置应急电源；应急电源采用不间断电源的方式时，不间断电源的供电时间不应小于 30min；应急电源采用不间断电源加自备发电机的方式时，不间断电源应能确保自备发电设备启动前的电力供应。"规范第 7.1.3 条【强制性条款】要求："ABSL-3 中的 b2 类实验室和四级生物安全实验室必须按一级负荷供电，特别重要负荷应同时设置不间断电源和自备发电设备作为应急电源，不间断电源应能确保自备发电设备启动前的电力供应。"

建议：四级生物安全实验室一般是独立建筑，而三级生物安全实验室可能不是独立建筑。无论实验室是独立建筑还是非独立建筑，因为建筑中的生物安全实验室的存在，这类建筑均要求按生物安全实验室的负荷等级供电。BSL-3 实验室和 ABSL-3 中的 b1 类实验室特别重要负荷包括防护区的送风机、排风机、生物安全柜、动物隔离设备、照明系统、自控系统、监视和报警系统等供电。ABSL-3 中的 b2 类实验室和四级生物安全实验室必须按一级负荷供电，特别重要的负荷应同时设不间断电源和自备发电设备作应急电源，不间断电源应能确保自备发电设备启动前的电力供应。

1.22.10 三级及四级生物安全实验室的自控报警信号如何划分、有何要求？三级及四级生物安全实验室的主实验室内未设置紧急报警按钮，是否违反强制性条款？

结论：属于违反强制性条款的问题。

依据：《生物安全实验室建筑技术规范》GB 50346—2011第7.3.3条【强制性条款】要求："三级和四级生物安全实验室自控系统报警信号应分为重要参数报警和一般参数报警。重要参数报警应为声光报警和显示报警，一般参数报警应为显示报警。三级和四级生物安全实验室应在主实验室内设置紧急报警按钮。"

建议：报警方案的设计异常重要，原则是不漏报、不误报、分轻重缓急、传达到位。人员正常进出实验室导致的压力波动等不应立即报警，可将此报警响应时间延迟（人员开门、关门通过所需的时间），延迟后压力梯度持续丧失才应判断为故障而报警。一般参数报警指暂时不影响安全，实验活动可持续进行的报警，如过滤器阻力的增大、风机正常切换、温湿度偏离正常值等；重要参数报警指对安全有影响，需要考虑是否让实验活动终止的报警，如实验室出现正压、压力梯度持续丧失、风机切换失败、停电、火灾等。

出现无论何种异常，中控系统应有即时提醒，不同级别的报警信号要易区分。紧急报警应设置为声光报警，声光报警为声音和警示灯闪烁相结合的报警方式。报警声音信号不宜过响，以能提醒工作人员而又不惊扰工作人员为宜。监控室和主实验室内应安装声光报警装置，报警显示应始终处于监控人员可见和易见的状态。

主实验室内应设置紧急报警按钮，以便需要时实验人员可向监控室发出紧急报警。

1.22.11 三级及四级生物安全实验室的互锁门附近未设置紧急手动解除互锁开关，是否违反强制性条款要求？

结论：属于违反强制性条款的问题。

依据：《生物安全实验室建筑技术规范》GB 50346—2011第7.4.3条【强制性条款】要求："三级和四级生物安全实验室应在互锁门附近设置紧急手动解除互锁开关。中控系统应具有解除所有门或指定门互锁的功能。"

建议：生物安全实验室互锁的门会影响人员的通过速度，应有解除互锁的控制机制。当人员需要紧急撤离时，可通过中控系统解除所有门或指定门的互锁。此外，还应在每扇互锁门的附近设置紧急手动解除互锁开关，使工作人员可以手动解除互锁。

1.22.12 监狱围墙照明灯具、电网的距地高度不到 4m，是否违反强制性条款？

结论：属于违反强制性条款的问题。

依据：《监狱建筑设计标准》JGJ 446—2018 第 4.13.2 条第 6、7 款【强制性条款】要求："监狱围墙应符合下列规定：

6 围墙上应安装照明灯具，距地面高度不应小于 4.0m，并应配置防护罩。

7 围墙上部应设置电网，且距离地面高度应大于等于 4.0m，并应符合现行国家标准《周界防范高压电网装置》GB 25287 的有关规定。计算导线最大风偏情况下高压电网网线距围墙顶巡逻道、岗楼、监狱大门的安全距离不应小于 1.5m；距巡逻人员活动范围的距离不应小于 2.2m。"

建议：在实际工程中，围墙做到表面平整光滑的基础上，电气专业应注意照明配电箱、监控摄像机、防雷箱、电网控制箱、配电线槽桥架等敷设与安装的隐蔽性。应防止形成攀爬点，导致降低围墙有效高度，给监管安全造成重大隐患。本条规定的围墙表面平整光滑，不只是自身平整光滑，还要求不能有其他的附属突出物。因此灯具及电网设计应根据规范确定安装高度，需大于 4.0m。

1.22.13 监狱大门未考虑监控、探测、安检、门禁等细节设计，是否违反强制性条款？

结论：属于违反强制性条款的问题。

依据：《监狱建筑设计标准》JGJ 446—2018 第 4.13.6 条【强制性条款】要求："监狱大门应分设封闭的车辆通道、警察专用通道和家属会见专用通道，且应分设 AB 门，并应符合下列规定：

1 车行通道外侧应设 A 门、内侧设 B 门，不得同时开启。A、B 门必须为不可通视的金属结构防护门。通道两端应分别设防冲撞装置，顶部和地面应设置监控、探测等安检装置。

2 警察专用通道和会见专用通道外侧应设 A 门、内侧应设B 门，且应为金属防护门，不得同时开启。通道应设门禁、安检、监控设施。"

建议：监狱大门应根据规范要求进行监控、探测、安检、门禁等细节设计。

1.22.14 酒厂不同建筑功能区的防爆分区划分有误，是否违反强制性条款？

结论：属于违反强制性条款的问题。

依据：《酒厂设计防火规范》GB 50694—2011 第 9.1.8 条【强制性条款】规定："液态法酿酒车间、酒精蒸馏塔、白兰地蒸馏车间、酒精度大于或等于 38 度的白酒库、人工洞白酒库、食用酒精库、白兰地陈酿库，白酒、白兰地勾兑车间、灌装车间、酒泵房，采用糟烧白酒、高粱酒等代替酿造用水的黄酒发酵车间的电气设计应符合爆炸性气体环境 2 区的有关规定；机械化程度高、年周转量较大的散装粮房式仓，粮食筒仓及工作塔，原料粉碎车间的电气设计应符合可燃性非导电粉尘 11 区的有关规定。"其中 11 区因《爆炸和火灾危险环境电力装置设计规范》GB 50058—2014 规定已改为"22 区"，并增加Ⅲ$_B$级为非导电性粉尘。

建议：酒厂包括：白酒、葡萄酒、白兰地、黄酒、啤酒、食用酒精厂，均可按照《爆炸和火灾危险环境电力装置设计规范》GB 50058—2014 的有关规定，酒厂内存在可燃气体挥发、可燃液体蒸汽的场所或建（构）筑物属于爆炸性气体环境 2 区，在粮食加工、存储过程中存在爆炸性粉尘环境的场所或建（构）筑物属于爆炸性粉尘环境 22 区，设计时应相应采取不同爆炸性环境的电力装置。

1.22.15 酒厂及其仓库的疏散应急照明地面水平照度采用 1.0lx，是否满足规范要求？

结论：属于违反强制性条款的问题。

依据：《酒厂设计防火规范》GB 50694—2011 第 9.1.7 条【强制性条款】要求："厂房和仓库的下列部位，应设置消防应急照明，且疏散应急照明的地面水平照度不应小于 5.0lx：

1）封闭楼梯间、防烟楼梯间及其前室、消防电梯间的前室或合用前室。

2）消防控制室、消防水泵房、自备发电机房、变、配电房以及发生火灾时仍需正常工作的其他房间。

3）人工洞白酒库内的巷道。

4）参观走道、疏散走道。"

建议：上述规范第 9.1.7 条第 2 款与《消防应急照明和疏散指示系统技术标准》GB 51309—2018 表 3.2.5-Ⅳ-8 规定的"疏散照明的地面水平照度不应小于 1.0lx"相比要高，设计时应按照高标准执行。同理第 4 款为了保障生产操作人员和参观人员的安全疏散，疏散照度也高于 GB 51309—2018 要求，应引起设计师注意。

1.22.16 建筑高度大于 24m、床位总数（可容纳老年人总数）大于或等于 20 床（人）且为独立建造的老年人照料设施，消防负荷定为二级负荷正确吗？例如，建筑概况：建筑面积 18560m²，地上十一层，地下二层；建筑高度：32.8m；使用性质：独立建造的老年人照料设施；负荷等级：消防用电负荷定为二级负荷。

结论：属于违反强制性条款的问题。

依据：（1）建筑高度大于 24m、床位总数（可容纳老年人总数）大于或等于 20 床（人）且为独立建造的老年人照料设施属于一类高层民用建筑，详见《建筑设计防火规范（2018 年版）》GB 50016—2014 第 5.1.1 条【非强制性条款】表 5.1.1。

（2）一类高层民用建筑，其消防用电应按一级负荷供电，详见《建筑设计防火规范（2018 年版）》GB 50016—2014 第 10.1.1 条【强制性条款】。

建议：该老年人照料设施为一类高层民用建筑，其消防用电应按一级负荷供电，并补充一级负荷的供电措施，详见《供配电系统设计规范》GB 50052—2009 第 3.0.2 条。

1.22.17 老年人照料设施中，避难走道的疏散照明地面最低水平照度低于 10lx，违反强制性条款么？

结论：属于违反强制性条款的问题。

依据：《建筑设计防火规范（2018 年版）》GB 50016—2014

第10.3.2条【强制性条款】要求："建筑内疏散照明的地面最低水平照度应符合下列规定：

2 对于人员密集场所、避难层（间），不应低于3.0lx；对于老年人照料设施、病房楼或手术部的避难间，不应低于10.0lx。

3 对于楼梯间、前室或合用前室、避难走道，不应低于5.0lx；对于人员密集场所、老年人照料设施、病房楼或手术部内的楼梯间、前室或合用前室、避难走道，不应低于10.0lx。"

《消防应急照明和疏散指示系统技术标准》GB 51309—2018 第3.2.5条【非强制性条款】："照明灯应采用多点、均匀布置方式，建、构筑物设置照明灯的部位或场所疏散路径地面水平最低照度应符合表3.2.5的规定。"

照明灯的部位或场所及其地面水平最低照度表　表 3.2.5

设置部位或场所	地面水平最低照度
I-1. 病房楼或手术部的避难间； I-2. 老年人照料设施； I-3. 人员密集场所、老年人照料设施、病房楼或手术部内的楼梯间、前室或合用前室、避难走道	不应低于10.0lx

建议：老年人照料设施疏散照明的地面最低水平照度要求，在《建筑设计防火规范（2018年版）》GB 50016—2014、《消防应急照明和疏散指示系统技术标准》GB 51309—2018分别有相应规定，对比以上两规范可以看出：《建筑设计防火规范（2018年版）》GB 50016—2014仅规定了老年人照料设施的避难间、楼梯间、前室或合用前室和避难走道疏散照明的地面最低水平照度不应低于10.0lx；《消防应急照明和疏散指示系统技术标准》GB 51309—2018则要求老年人照料设施内所有设置疏散照明的场所疏散照明的地面最低水平照度均不低于10.0lx。（注：老年人照料设施内设置疏散照明的场所，应按照《建筑设计防火规范（2018年版）》GB 50016—2014第10.3.1条确定，本处所提到的老年人照料设施术语解释，以《老年人照料设施建筑设计标准》JGJ 450—2018第1.0.2条为准）。

《建筑设计防火规范（2018 年版）》GB 50016—2014 第 10.3.2 条是强制性条文，须强制执行，即老年人照料设施的避难间、楼梯间、前室或合用前室和避难走道，疏散照明的地面最低水平照度不应低于 10.0lx。

值得注意的是，"避难走道"的概念不等同于"疏散走道"，设计时应加以区分和说明。

1.22.18 城市道路照明设计时，机动车道未考虑照明功率密度的问题，是否违反强制性规范？

结论：属于违反强制性条款问题。

依据：《城市道路照明设计标准》CJJ 45—2015 第 7.1.2 条【强制性条款】要求："对于设置连续照明的常规路段，机动车道的照明功率密度限值应符合表 7.1.2 的规定。当设计照度高于表 7.1.2 的照度值时，照明功率密度（LPD）值不得相应增加。"

机动车道的照明功率密度限值　　　　表 7.1.2

道路级别	车道数（条）	照明功率密度(LPD)限值（W/m²）	对应的照度值（lx）
快速路主干路	≥6	≤1.00	30
	<6	≤1.20	
	≥6	≤0.70	20
	<6	≤0.85	
次干路	≥4	≤0.80	20
	<4	≤0.90	
	≥4	≤0.60	15
	<4	≤0.70	
支路	≥2	≤0.50	10
	<2	≤0.60	
	≥2	≤0.40	8
	<2	≤0.45	

建议：设计时机动车道照明功率密度按上表 7.1.2 标准执行，且当设计照度高于表 7.1.2 的照度值时，照明功率密度（LPD）值

不得相应增加。

1.22.19　古建设计时在木结构上直接敷设接闪器及引下线，是否可行？

结论：属于违反强制性条款问题。

依据：《古建筑防雷工程技术规范》GB 51017—2014 第 4.5.2 条第 3 款【强制性条款】和第 5.3.2 条第 3 款【强制性条款】要求："不应在由易燃材料构成的屋顶上直接安装接闪器。在可燃材料构成的屋顶上安装接闪器时，接闪器的支撑架应采用隔热层与可燃材料之间隔离""在木结构上敷设引下线时，引下线的金属支架应采用隔热层与木结构之间隔离。"

建议：古建设计时在木结构上敷设接闪器的支撑架应采用隔热层与可燃材料之间隔离，引下线的金属支架应采用隔热层与木结构之间隔离。

1.22.20　改造项目的火灾自动报警系统设计未考虑总线短路隔离器问题，是否算错误？

结论：属于违反强制性条款问题。

依据：《火灾自动报警系统设计规范》GB 50116—2013 第 3.1.6 条【强制性条款】要求："系统总线上应设置总线短路隔离器，每只总线短路隔离器保护的火灾探测器、手动报警按钮和模块等消防设备的总数不应超过 32 点；总线穿越防火分区时，应在穿越处设置总线短路隔离器。"第 4.1.3 条【强制性条款】要求："各受控设备接口的特性参数应与消防联动控制器发出的联动控制信号相匹配。"

建议：改造项目应注意核实系统总线上的点位，按需设置总线短路隔离器，并应注意系统兼容问题，各受控设备接口的特性参数应与消防联动控制器发出的联动控制信号相匹配。

1.22.21　隧道内设置的消防设备未明确防护等级，是否算错误？

结论：属于涉及强制性条款问题。

依据：《火灾自动报警系统设计规范》GB 50116—2013 第 12.1.11 条【强制性条款】要求："隧道内设置消防设备的防护等级不应低于 IP65。"

建议：设计时，应注意根据上述条款明确：隧道内设置消防设备的防护等级不应低于 IP65。

1.22.22　电缆隧道内布置热力管道，是否可行？

结论：属于违反强制性条款问题。

依据：《电力工程电缆设计规范》GB 50217—2018 第 5.1.9 条【强制性条款】要求："在隧道、沟、浅槽、竖井、夹层等封闭式电缆通道中，不得布置热力管道，严禁有可燃气体或可燃液体的管道穿越。"

建议：设计时应注意电缆隧道内不得布置热力管道。在电缆发生火灾时，无论是可燃气体、可燃液体还是易燃气体、易燃液体，均为燃烧物质，有明火时会迅速燃烧甚至发生爆炸事故，对电缆构筑物设施及人员构成严重的安全威胁。

1.22.23　城市综合管廊设计时，天然气管道、热力管道与电力电缆同舱敷设，是否可行？

结论：属于违反强制性条款的问题。

依据：《城市综合管廊工程技术规范》GB 50838—2015 第 4.3.4 条【强制性条款】要求："天然气管道应在独立舱室内敷设"、第 4.3.6 条【强制性条款】要求："热力管道不应与电力电缆同舱敷设。"

《电力工程电缆设计规范》GB 50217—2007 中第 5.1.9 条【强制性条款】规定："在隧道、沟、浅槽、竖井、夹层等封闭式电缆通道中，不得布置热力管道，严禁有易燃气体或易燃液体的管道穿越。"

建议：综合管廊设计时应注意上述规范条款，明确电力电缆与热力管道、天然气管道的敷设要求。

1.22.24　一类隧道的消防用电按二级负荷供电，是否满足规范要求？隧道管道敷设时有何特殊规定？

结论：属于违反强制性条款的问题。

依据：《建筑设计防火规范（2018）》GB 50016—2014 第 12.5.1 条【强制性条款】要求："一、二类隧道的消防用电应按一级负荷要求供电；三类隧道的消防用电应按二级负荷要求供电"、第12.5.4条【强制性条款】要求："隧道内严禁设置可燃气体管道；电缆线槽应与其他管道分开敷设。当设置10kV及以上的高压电缆时，应采用耐火极限不低于2.00h的防火分隔体与其他区域分隔。"

建议：消防用电的可靠性是保证消防设施可靠运行的基本保证。规范根据不同隧道火灾的扑救难度和发生火灾后可能的危害与损失、消防设施的用电情况，确定了隧道中消防用电的供电负荷要求。规范还要求控制隧道内的灾害源，降低火灾危险，防止隧道着火时因高压线路、燃气管线等加剧火势的发展而影响安全疏散与抢险救援等行动，因此应严格依据上述规范条款进行设计。

第二章 建筑电气设计涉及规范非强条的错误及解答

第1节 通用建筑电气设计涉及非强条的错误及解答

2.1.1 违反变配电室土建要求。

1. 变电所设置在卫生间（或厨房）的正下方。

结论：属于违反一般性条文的问题。

依据：《民用建筑设计统一标准》GB 50352—2019 第 8.3.1 条第 1 款第 4）条：

"民用建筑物内设置的变电所不应在厕所、卫生间、盥洗室、浴室、厨房或其他蓄水、经常积水场所的直接下一层设置，且不宜与上述场所相贴邻，当贴邻设置时应采取防水措施。"

《民用建筑电气设计标准》GB 51348—2019 第 4.2.1 条第 6 款：

"变电所不应设在厕所、浴室、厨房或其他经常有水并可能漏水场所的正下方，且不宜与上述场所贴邻。如果贴邻，相邻隔墙应做无渗漏、无结露等防水处理。"

建议：民用建筑物内的变电所、配电室不应设置在厕所、卫生间、盥洗室、浴室、厨房或其他蓄水、经常积水场所的正下方，且不宜与上述场所相贴邻，贴邻设置时应采取防水措施。

2. 当变电所设置 2 个及以上疏散门时，疏散门之间的距离小于 5m。

结论：属于违反一般性条文的问题。

依据：《民用建筑设计统一标准》GB 50352—2019 第 8.3.1 条第 3 款：

"变电所宜设在一个防火分区内。当在一个防火分区内设置的变电所，建筑面积不大于 200.0m² 时，至少应设置 1 个直接通向疏散走道（安全出口）或室外的疏散门；当建筑面积大于 200.0m² 时，至少应设置 2 个直接通向疏散走道（安全出口）或室外的疏散门；当变电所长度大于 60.0m 时，至少应设置 3 个直接通向疏散走道（安全出口）或室外的疏散门。"

《民用建筑设计统一标准》GB 50352—2019 第 8.3.1 条第 4 款：

"当变电所内设置值班室时，值班室应设置直接通向室外或疏散走道（安全出口）的疏散门。"

《民用建筑设计统一标准》GB 50352—2019 第 8.3.1 条第 5 款：

"当变电所设置 2 个及以上疏散门时，疏散门之间的距离不应小于 5.0m，且不应大于 40.0m。"

建议：当变电所设置 2 个及以上疏散门时，应注意疏散门之间的距离不应小于 5.0m，且不应大于 40.0m。注意疏散门是指房间直接通向疏散走道（安全出口）或室外的门。依据《民用建筑设计统一标准》GB 50352—2019 第 8.3.1 条第 3 款条文说明：此款中变电所的疏散门个数不包括值班室的疏散门。当变电所内设置值班室时，值班室应设置直接通向室外或疏散走道（安全出口）的疏散门。

3. 长度大于 7m 的配电室未设置两个出入口门。

结论：属于违反一般性条文的问题。

依据：《民用建筑设计统一标准》GB 50352—2019 第 8.3.1 条第 6 款：

"当变压器室、配电室、电容器室长度大于 7.0m 时，至少应设 2 个出入口门。"

《低压配电设计规范》GB 50054—2011 第 4.3.2 条：

"配电室长度超过 7m 时，应设 2 个出口，并宜布置在配电室两端。"

建议：当变压器室、配电室、电容器室长度大于 7.0m 时，至少应设 2 个出入口门，并宜布置在配电室两端。此 2 个出入口是为保障电气操作人员人身安全设置的，可以是内部门，也可与变电所的疏散门合用。例如当变电所建筑面积不大于 200.0m² 、配电室长度大于 7.0m 时，疏散门可以只设置 1 个，配电室的出入口门应设置 2 个，1 个可为疏散门，1 个可为内部门。见《民用建筑设计统一标准》GB 50352—2019 第 8.3.1 条第 6 款条文说明。

2.1.2 自动转换开关电器（ATSE）相关错误。

1. TN-C-S 或 TN-S 系统的双电源转换开关未采用四极开关。

结论：属于违反一般性条文的问题。

依据：《民用建筑电气设计标准》GB 51348—2019 第 7.5.3 条：

"三相四线制系统中四极开关的选用，应符合下列规定：

2 TN-C-S、TN-S 系统中的电源转换开关，应采用切断相导体和中性导体的四极开关。"

建议：TN-C-S 或 TN-S 系统的双电源转换开关应采用四极开关。

2. 大型商店应急照明电源箱采用 CB 级自动转换开关。

结论：属于违反一般性条文的问题。

依据：

a）《民用建筑电气设计标准》GB 51348—2019 第 7.5.4 条第 2 款：

"ATSE 的转换动作时间，宜满足负荷允许的最大断电时间的要求。"

b）《消防应急照明和疏散指示系统技术标准》GB 51309—2018 第 3.2.3 条第 1 款：

"高危险场所灯具光源应急点亮的响应时间不应大于 0.25s。"

建议：大型商店中自动扶梯上方属于高危险场所，灯具光源应急点亮、熄灭的响应时间不应大于 0.25s。ATSE 的转换时间取决于自身构造，PC 级的转换时间一般为 100ms，CB 级一般为 1～3s。因此，大型商店应急照明电源箱不应采用 CB 级自动转换开关，应选用 PC 级自动转换开关，以满足负荷允许的最大断电时间的要求。

3. 当采用 PC 级自动转换开关时，ATSE 的额定电流小于回路计算电流的 125%。

结论：属于违反一般性条文的问题。

依据：《民用建筑电气设计标准》GB 51348—2019 第 7.5.4 条第 3 款：

"当采用 PC 级自动转换开关电器时，应能耐受回路的预期短路电流，且 ATSE 的额定电流不应小于回路计算电流的 125%。"

建议：在选用 PC 级自动转换开关电器时，其额定电流不应小于回路计算电流的 125%，以保证自动转换开关电器有一定的裕量。

2.1.3 计量表设置常见一般性条文错误。

1. 高压开关柜的电流互感器变比不合理。详见错误图 2.1.3-1。

设备名称	规格
真空断路器	
电流互感器(计量、保护)	1000/5
主要电气元件 电压互感器	
高压熔断器	
避雷器	
三工位隔离/接地开关	
零序电流互感器	
带电显示器	
三相多功能表	
智能综合继电保护	
智能语音声光报警装置	
温湿度控制器	
保护方式	
变压器总安装容量/总额定电流	9600kVA/554A
变压器负荷率	80%
同期系数	0.9
计算电流	399A
备注	10kV进线电源1

图 2.1.3-1　错误图

设备名称	规格
真空断路器	
电流互感器(计量、保护)	750/5
主要电气元件 电压互感器	
高压熔断器	
避雷器	
三工位隔离/接地开关	
零序电流互感器	
带电显示器	
三相多功能表	
智能综合继电保护	
智能语音声光报警装置	
温湿度控制器	
保护方式	
变压器总安装容量/总额定电流	9600kVA/554A
变压器负荷率	80%
同期系数	0.9
计算电流	399A
备注	10kV进线电源1

图 2.1.3-2　正确图

结论：属于违反一般性条文的问题。

依据：《电力装置电测量仪表装置设计规范》GB /T 50063—2017 第 7.1.5 条：

"电能计量用电流互感器额定一次电流宜使正常运行时回路实际负荷电流达到其额定值的 60%，不应低于其额定值的 30%，S 级电流互感器应为 20%；如不能满足上述要求应选用高动热稳定的电流互感器以减小变比或二次绕组带抽头的电流互感器。"

建议：计算高压回路平时计算电流时应考虑变压器负荷率及同期系数等因素，电流互感器额定一次电流使正常运行时回路实际负荷电流达到其额定值的 60% 左右，此处电流互感器规格选 750/5、800/5 均满足要求。详见正确图 2.1.3-2。

2. 电能表规格设置有误，详见错误图 2.1.3-3。

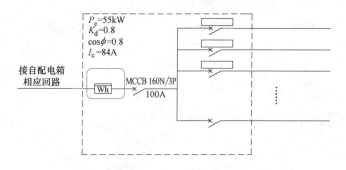

图 2.1.3-3　错误图

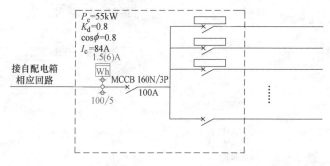

图 2.1.3-4　正确图

结论：属于违反一般性条文的问题。

依据：《电力装置电测量仪表装置设计规范》GB/T 50063—2017 第 4.1.12 条：

"低压供电，计算负荷电流为 60A 及以下时，宜采用直接接入式电能表；计算负荷电流为 60A 以上时，宜采用经电流互感器接入式的接线方式。选用直接接入式的电能表其额定最大电流不宜超过 80A。"

建议：计算负荷电流为 60A 及以下时，宜采用直接接入式电能表；计算负荷电流为 60A 以上时，宜采用经电流互感器接入式的接线方式。选用直接接入式的电能表其额定最大电流不宜超过 80A，详见正确图 2.1.3-4。

3. 照明配电箱进线电流表设置数量有误，详见错误图 2.1.3-5。

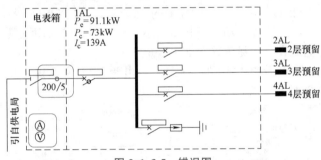

图 2.1.3-5　错误图

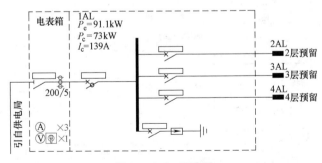

图 2.1.3-6　正确图

结论：属于违反一般性条文的问题。

依据：

（1）《电力装置电测量仪表装置设计规范》GB /T 50063—2017 第 3.2.2 条：

"下列回路除应符合本规范第 3.2.1 条的规定外，还应测量三相交流电流：

5 三相负荷不对称度大于 10％的 1200V 及以上的电力用户线路，三相负荷不对称度大于 15％的 1200V 以下的供电线路。"

（2）《民用建筑电气设计标准》GB 51348—2019 第 5.15.2 条第 2 款：

"三相电流基本平衡的回路，可采用一只电流表测量其中一相电流。下列装置及回路应采用三只电流表分别测量三相电流：

1）无功补偿装置；

2）配电变压器低压侧总电流；

3）三相负荷不平衡幅度较大的 1kV 及以下的配电线路。"

建议：照明配电箱等三相负荷不平衡回路，应采用三只电流互感器和电流表，详见正确图 2.1.3-6。

4. 55kW 及以上电动机回路未设电流互感器和电流表，详见错误图 2.1.3-7。

配电箱编号	APEplb-A			
配电箱型号及安装	XL-21，落地安装(IP30)800×600×2200			
回路编号	WPE2		WPE3	
设备名称	1号高区喷淋泵		2号高区喷淋泵	
设备容量(kW)	75		75	
计算电流(A)	142		142	
相序	L1 L2 L3 PE		L1 L2 L3 PE	
断路器/隔离开关	MCCB-□ 3P/MA		MCCB-□ 3P/MA	
互感器				
电流表				
主接触器(1~2QAC1);三角形接触器(1~2QAC2)	□-D150		□-D150	
星型接触器(1~2QAC3)	□-D95		□-D95	
热继电器1~2BB	□-(90～150A)		□-(90～150A)	
线缆选择 WDZN-YJ(F)E-	1(3×95)	1(4×95)	1(3×95)	1(4×95)
控制电缆 WDZN-KYJ(F)E-				
穿管及敷设	SR/SC100	SR/SC100	SR/SC100	SR/SC100
控制电路编号				
控制电路说明	消防泵一用一备星三角启动			
备注				

图 2.1.3-7　错误图

结论：属于违反一般性条文的问题。

依据：

（1）《电力装置电测量仪表装置设计规范》GB /T 50063—2017 第 3.2.1 条：

"下列回路应测量交流电流：

12 3kV～10kV 电动机，55kW 及以上的电动机，55kW 以下的 O、I 类电动机，以及工艺要求监视电流的其他电动机。"

（2）《民用建筑电气设计标准》GB 51348—2019 第 5.15.2 条第 1 款：

"下列回路应测量交流电流：

6）55kW 及以上的电动机。"

建议：55kW 及以上电动机回路应设电流互感器和电流表，详见正确图 2.1.3-8。

配电箱编号	APEplb-A			
配电箱型号及安装	XL-21，落地安装(IP30)800×600×2200			
回路编号	WPE2		WPE3	
设备名称	1号高区喷淋泵		2号高区喷淋泵	
设备容量(kW)	75		75	
计算电流(A)	142		142	
相序	L1 L2 L3 PE		L1 L2 L3 PE	
断路器/隔离开关	MCCB-□ 3P/MA		MCCB-□ 3P/MA	
互感器	400/5		400/5	
电流表	0～400		0～400	
主接触器(1～2QAC1);三角形接触器(1～2QAC2)	□-D150		□-D150	
星型接触器(1～2QAC3)	□-D95		□-D95	
热继电器1～2BB	□-(90～150A)		□-(90～150A)	
线缆选择 WDZN-YJ(F)E-	1(3×95)	1(4×95)	1(3×95)	1(4×95)
控制电缆 WDZN-KYJ(F)E-				
穿管及敷设	SR/SC100	SR/SC100	SR/SC100	SR/SC100
控制电路编号				
控制电路说明	消防泵一用一备星三角启动			
备注				

图 2.1.3-8 正确图

2.1.4 三种常见低压配电线路保护错误：

1. 断路器整定值偏小，断路器额定电流小于回路计算电流。

如错误图 2.1.4-1 所示，37kW 空调送风机回路，计算电流远大于断路器整定值 40A。

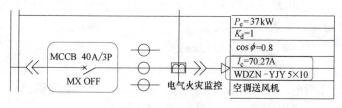

图 2.1.4-1　错误图

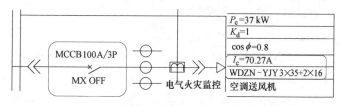

图 2.1.4-2　正确图

结论：属于违反一般性条文的问题。

依据：《低压配电设计规范》GB 50054—2011 第 6.3.3 条：

"过负荷保护电器的动作特性，应符合下列公式的要求：

$$I_B \leqslant I_n \leqslant I_Z \tag{6.3.3-1}$$

$$I_2 \leqslant 1.45 I_Z \tag{6.3.3-2}$$

式中　I_B——回路计算电流（A）；

I_n——熔断器熔体额定电流或断路器额定电流或整定电流（A）；

I_Z——导体允许持续载流量（A）；

I_2——保证保护电器可靠动作的电流（A）。

当保护电器为断路器时，I_2 为约定时间内的约定动作电流；当为熔断器时，I_2 为约定时间内的约定熔断电流。"

建议：按照《低压配电设计规范》GB 50054—2011 第 6.3.3 条调整断路器整定值，调整后断路器整定值为 100A，如正确图 2.1.4-2 所示。

2. 断路器整定值过大。

如错误图 2.1.4-3 所示，清洗工作站配电回路计算电流 28.5A，断路器整定值 100A，远大于保证保护电器可靠动作的电流 I_2，发生过负荷时，不能在过负荷电流引起的导体温升对导体的绝缘、接头、端子或导体周围的物质造成损害之前切断电源，起不到保护线路的作用。

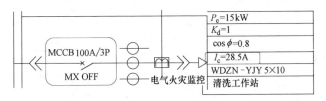

图 2.1.4-3 错误图

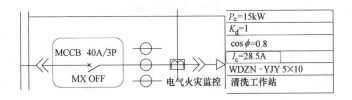

图 2.1.4-4 正确图

结论：属于违反一般性条文的问题。

依据：《低压配电设计规范》GB 50054—2011 第 6.3.1 条：

"配电线路的过负荷保护，应在过负荷电流引起的导体温升对导体的绝缘、接头、端子或导体周围的物质造成损害之前切断电源。"

建议：按照《低压配电设计规范》GB 50054—2011 第 6.3.3 条调整断路器整定值，调整后断路器整定值为 40A，如正确图 2.1.4-4 所示。

3. 电缆截面偏小，导体载流量小于断路器的整定电流。

如错误图 2.1.4-5 所示，正常照明回路断路器整定值为 100A，该回路电缆截面为 WDZN-YJY 5×16，导体载流量远小于断路器的整定电流。

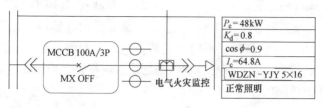

图 2.1.4-5　错误图

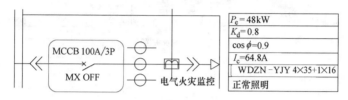

图 2.1.4-6　正确图

结论：属于违反一般性条文的问题。

依据：《低压配电设计规范》GB 50054—2011 第 3.2.2 条第 1 款："按敷设方式及环境条件确定的导体载流量，不应小于计算电流。"

建议：按《低压配电设计规范》GB 50054—2011 第 3.2.2 条第 1 款调整电缆截面。详见正确图 2.1.4-6。

导体载流量数据见现行国家建筑标准设计图集《建筑电气常用数据》19DX101-1，该国标图集根据我国地理气候条件，对空气中敷设的电线电缆给出了不同环境温度下的载流量；对土壤中敷设的电缆给出了不同土壤热阻系数下的载流量。图集所列载流量值，空气中敷设是以环境温度 30℃ 为基准，埋地敷设是以环境温度 20℃ 为基准，并给出了其他情况下的电线电缆载流量校正系数。

本条所述三类错误或由于拷贝和校对仓促所致，但如果未能更正而成为事实，则会导致相应的后果。对于预留负荷的配电线路，可以按照断路器整定值选择线缆规格，并设置一定的余量。对于固定负荷配电回路，应通过负荷计算，按照《低压配电设计规范》GB 50054—2011 第 6.3.3 条，确定断路器整定值，选择相应线缆规格。

2.1.5 竖向配电干线中，采用 T 接箱或预分支电缆引出楼层配电回路电缆截面减小处，距离保护电器线路长度超过 3m，未采取保护措施。详见错误图 2.1.5-1、图 2.1.5-2。

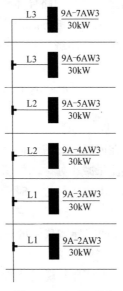

图 2.1.5-1 错误图

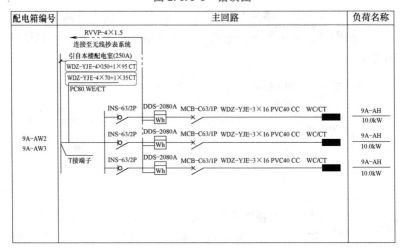

图 2.1.5-2 错误图

结论：属于违反一般性条文的问题。

依据：

（1）《低压配电设计规范》GB 50054—2011 第 6.2.5 条："短路保护电器应装设在回路首端和回路导体载流量减小的地方。当不能设置在回路导体载流量减小的地方时，应采用下列措施：

1 短路保护电器至回路导体载流量减小处的这一段线路长度，不应超过 3m；

2 应采取将该段线路的短路危险减至最小的措施；

3 该段线路不应靠近可燃物。"

（2）《低压配电设计规范》GB 50054—2011 第 6.3.4 条："过负荷保护电器，应装设在回路首端或导体载流量减小处。当过负荷保护电器与回路导体载流量减小处之间的这一段线路没有引出分支线路或插座回路，且符合下列条件之一时，过负荷保护电器可在该段回路任意处装设：

1 过负荷保护电器与回路导体载流量减小处的距离不超过 3m，该段线路采取了防止机械损伤等保护措施，且不靠近可燃物；

2 该段线路的短路保护符合本规范第 6.2 节的规定。"

建议：在导体载流量减小的地方，如保护电器至回路导体载流量减小处的这一段线路长度超过 3m，应在导体载流量减小的地方装设保护电器，如未设保护电器，则不应减小电缆截面。详见正确图 2.1.5-3。

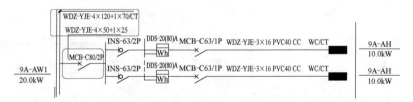

图 2.1.5-3　正确图

2.1.6 室外照明配电箱进线剩余电流动作保护断路器选用 3 极开关，室外分支线路未设置剩余电流动作保护。详见错误图 2.1.6-1。

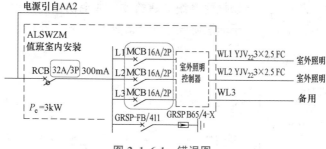

图 2.1.6-1　错误图

结论：属于违反一般性条文的问题。

依据：

（1）《低压配电设计规范》GB 50054—2011 第 3.1.11 条："剩余电流动作保护电器的选择，应符合下列规定：

1 除在 TN-S 系统中，当中性导体为可靠的地电位时可不断开外，应能断开所保护回路的所有带电导体。"

（2）《民用建筑电气设计标准》GB 51348—2019 第 7.5.5 条："剩余电流保护器的设置应符合下列规定：

1 应能断开被保护回路的所有带电导体。

5 下列设备的配电线路应设置额定剩余动作电流值不大于 30mA 的剩余电流保护器：

3）室外工作场所的用电设备。"

建议：进线回路剩余电流动作保护电器应能断开所保护回路的所有带电导体，因此可选择 4P 或 3P＋N 开关；室外照明配电箱室外分支线路装设剩余电流动作保护器，详见正确图 2.1.6-2。

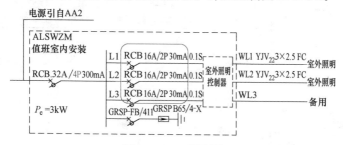

图 2.1.6-2　正确图

2.1.7 设有火灾自动报警系统的建筑物，非消防回路未设置分励脱扣器，用于非消防电源切断。详见错误图2.1.7-1。

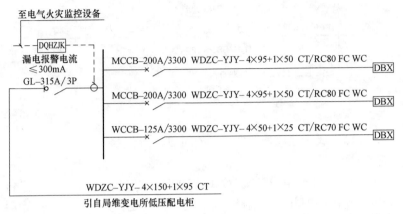

图 2.1.7-1 错误图

结论：属于违反一般性条文问题。

依据：《火灾自动报警系统设计规范》GB 50116—2013 第 4.10.1 条："消防联动控制器应具有切断火灾区域及相关区域的非消防电源的功能。"

建议：非消防负荷回路开关应设置分励脱扣器，用于切断非消防电源，如正确图 2.1.7-2 所示。

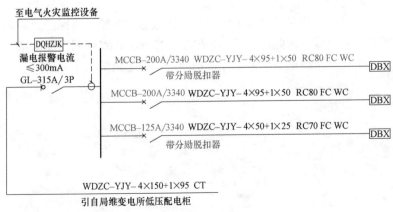

图 2.1.7-2 正确图

分励脱扣器实际设置部位可以根据项目实际选择,不一定设在干线回路。例如采用封闭母线供电的竖向照明干线,分励脱扣器可设置在楼层插接开关箱处,按楼层切断非消防电源。

2.1.8 非消防电梯轿厢照明回路采用 220V 供电,未装设剩余电流动作保护器。如错误图 2.1.8-1 所示。

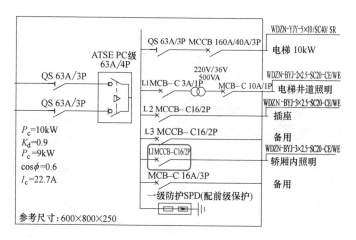

图 2.1.8-1 错误图

结论:属于违反一般性条文的问题。

依据:《民用建筑电气设计标准》GB 51348—2019 第9.3.6条:

"电梯井道配电应符合下列规定:

1 电梯井道应为电梯专用,井道内不得装设与电梯无关的设备、管道、电缆等。

2 井道内应设置照明,且照度不应小于 50lx,并应符合下列要求:

1)应在距井道最高点和最低点 0.5m 以内各装一盏灯,中间每隔不超过 7m 的距离应装设一盏灯,并应分别在机房和底坑设置控制开关;

2)轿顶及井道照明宜采用24V的半导体发光照明装置(LED)或其他光源;当采用220V光源时,供电回路应增设剩余电流动作保护器。"

建议：非消防电梯轿厢照明采用220V供电，供电回路应增设剩余电流动作保护器。如正确图2.1.8-2所示。而消防电梯属于消防设备，火灾时需确保正常运转，不应装设剩余电流动作保护器，因此消防电梯轿厢和井道照明应采用安全电压供电。如正确图2.1.8-3所示。

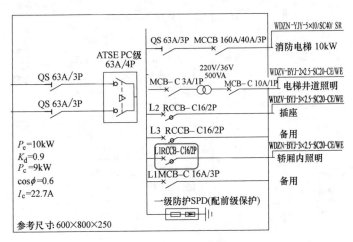

图2.1.8-2　正确图

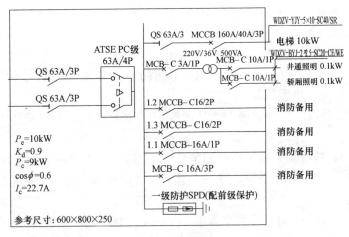

图2.1.8-3　正确图

2.1.9 消防配电线路与普通供电线路共竖井敷设时，未布置在电缆井的两侧，且消防配电线路采用耐火电缆而非矿物绝缘类不燃性线缆。详见错误图 **2.1.9-1**。

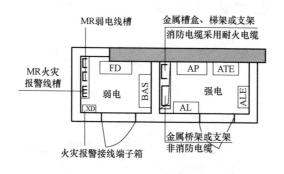

(a)

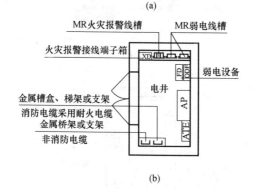

(b)

图 2.1.9-1 错误图

（a）电井大样图 A（强、弱电竖井分井）；（b）电井大样图 B（强、弱电共用竖井）

结论：属于违反一般性条文的问题。

依据：《建筑设计防火规范（2018 年版）》GB 50016—2014第 10.1.10 条第 3 款："消防配电线路应满足火灾时连续供电的需要，其敷设应符合下列规定：

3 消防配电线路宜与其他配电线路分开敷设在不同的电缆井、沟内；确有困难需敷设在同一电缆井、沟内时，应分别布置在电缆井、沟的两侧，且消防配电线路应采用矿物绝缘类不燃性电缆。"

建议：建筑物内条件许可时，消防配电线路与其他配电线路分设于不同的电缆井、沟内；需敷设在同一电缆井、沟内时，应分别布置在电缆井、沟的两侧，且消防配电线路应采用矿物绝缘类不燃性电缆。详见正确图 2.1.9-2 所示。

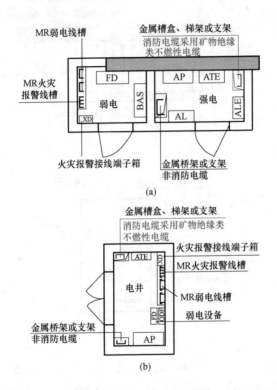

图 2.1.9-2　正确图
（a）电井大样图 A（强、弱电竖井分开）；
（b）电井大样图 B（强、弱电共用竖井）

2.1.10　未提供典型房间功率密度值及照度的实际计算值。

如错误图 2.1.10-1 所示，某教育建筑照明平面图，未提供教室等典型场所照度值和照明功率密度值计算。

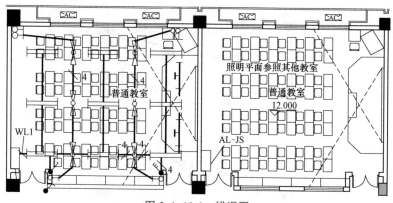

图 2.1.10-1 错误图

结论：属于违反一般性条文的问题。

依据：

（1）《建筑工程设计文件编制深度规定》（2016 年 11 月）第 3.6.5 条第 6 款、第 4.5.13 条："应提供典型场所照度值和照明功率密度值计算。"

（2）《建筑照明设计标准》GB 50034—2013 第 4.1.7 条："设计照度与照度标准值的偏差不应超过±10%。"

（3）《公共建筑节能设计标准》GB 50189-2015 第 6.3.1 条："室内照明功率密度（LPD）值应符合现行国家标准《建筑照明设计标准》GB 50034 的有关规定。"

建议：应提供典型场所照度值和照明功率密度值计算（表2.1.10-1），以便核对是否满足相关规范要求。详见正确图 2.1.10-2。北京地区新建、扩建和改建的公共建筑，尚应按照北京市地方标准《公共建筑节能设计标准》DB11/687—2015 表 D.4.2 格式，提供照明节能设计判定表。详见正确图 2.1.10-3。

表 2.1.10-1

序号	房间名称	照度(lx)		照明功率密度 LPD(W/m²)		
		标准值	计算值	现行值	目标值	计算值
1	教室	300	315	9.0	8.0	7.8
2	走廊	50	52	2.5	2.0	1.9

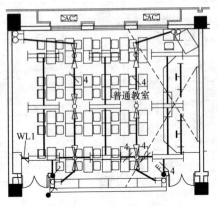

图 2.1.10-2 正确图

表D.4.2 照明节能设计判定表

场所	楼层	房间或轴线号	光源类型	房间净面积(m²)	灯具安装高度(m)	参考平面高度(m)	灯具类型		单套灯具光源参数		灯具数量	总安装容量(W)	照度(lx)		室形指数RI		照明功率密度LPD(W/m²)			
							灯型	效率	光源含镇流器功耗(W)	光通量(lm)			计算值	标准值	计算值	标准值	计算值	标准值	修正系数	折算值
普通办公室			直管荧光灯	60	2.70	0.75	格栅	60%	2×36=72	2×3300=6600	8	576	320	300	1.3	1.5	9.6	9.0	1.2	10.8

图 2.1.10-3 正确图

2.1.11 照明节能判定表中，设计照度与照度标准值的偏差超过±10%。

结论：属于违反一般性条文的问题。

依据：《建筑照明设计标准》GB 50034—2013 第 4.1.7 条："设计照度与照度标准值的偏差不应超过±10%。"

建议：照明设计时，首先需要确定照度标准值。照度标准值分级详见《建筑照明设计标准》GB 50034—2013 第 4.1.1 条：应按 0.5lx、 1lx、 2lx、 3lx、 5lx、 10lx、 15lx、 20lx、 30lx、 50lx、 75lx、 100lx、 150lx、 200lx、 300lx、 500lx、 750lx、 1000lx、

1500lx、2000lx、3000lx、5000lx 分级。《建筑照明设计标准》GB
50034—2013 第 5 章规定了工业和民用建筑的照度标准值，对于该
标准第 4.1.2、第 4.1.3 条规定的一些特定的场所，其照度标准值
可提高或降低一级，但不论符合几个条件，只能提高或降低一级。
如办公室照度标准值为 300lx，对于建筑等级和功能要求高的办公
室，照度标准值可以提高一级为 500lx，而不能为 750lx。

考虑到照明设计时布灯的需要和光源功率及光通量的变化不是
连续的这一实际情况，根据我国国情，规定了设计照度值与照度标
准值比较，可有 -10％～+10％ 的偏差。针对按照 GB 50034—
2013 第 4.1.2、第 4.1.3 条规定的一些特定的场所，偏差为设计照
度值与提高或降低一级的照度标准值之间的偏差。此偏差适用于装
10 个灯具以上的照明场所；当小于或等于 10 个灯具时，允许适当
超过此偏差。

2.1.12 未给出二次装修场所照明功率密度值要求和计算原则。

结论：属于违反一般性条文的问题。

依据：《建筑照明设计标准》GB 50034—2013 第 6.3.16 条：
"设装饰性灯具场所，可将实际采用的装饰性灯具总功率的 50％ 计
入照明功率密度值的计算。"

建议：实际工程项目中，很多场所需要二次装修，正常照明留
待室内专业二次设计。为了满足节能要求，应按照建筑使用功能，
给出二次装修场所照明功率密度限值，并要求室内专业按 GB
50034—2013 第 6.3.16 条规定进行计算。如计算照明功率密度超
过 LPD 限值的现行值，应调整设计以满足规范要求。特别是《建
筑照明设计标准》GB 50034—2013 第 6.3 节强制性条文涉及的十
类场所，照明功率密度限值必须满足规范规定。

2.1.13 未明确消防应急照明和疏散指示系统类型。

结论：属于违反一般性条文问题。

依据：《消防应急照明和疏散指示系统技术标准》GB 51309—
2018 第 3.1.2 条："系统类型的选择应根据建、构筑物的规模、使用
性质及日常管理及维护难易程度等因素确定，并应符合下列规定：

1 设置消防控制室的场所应选择集中控制型系统；

2 设置火灾自动报警系统，但未设置消防控制室的场所宜选择集中控制型系统；

3 其他场所可选择非集中控制型系统。"

建议：应急照明和疏散指示应根据建、构筑物的规模、使用性质及日常管理及维护难易程度等因素选择系统类型，并应符合 GB 51309—2018 第 3.1.2 条规定。消防应急照明和疏散指示系统说明中应明确消防应急照明和疏散指示系统类型，相应按规定进行系统配电、线缆选择和控制设计。

2.1.14 具有一种疏散指示方案的区域方向标志灯设置为双向疏散标志。详见错误图 2.1.14-1。

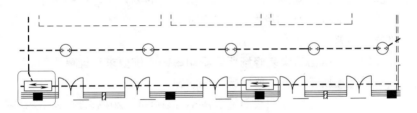

图 2.1.14-1 错误图

结论：属于违反一般性条文的问题。

依据：

(1)《消防应急照明和疏散指示系统技术标准》GB 51309—2018 第 3.1.4 条："系统设计前，应根据建、构筑物的结构形式和使用功能，以防火分区、楼层、隧道区间、地铁站台和站厅等为基本单元确定各水平疏散区域的疏散指示方案。疏散指示方案应包括确定各区域疏散路径、指示疏散方向的消防应急标志灯具（以下简称"方向标志灯"）的指示方向和指示疏散出口、安全出口消防应急标志灯具（以下简称"出口标志灯"）的工作状态。

1 具有一种疏散指示方案的区域，应按照最短路径疏散的原则确定该区域的疏散指示方案。

2 具有两种及以上疏散指示方案的区域应符合下列规定：

1) 需要借用相邻防火分区疏散的防火分区，应根据火灾时相邻防火分区可借用和不可借用的两种情况，分别按最短路径疏散原则和避险原则确定相应的疏散指示方案。

2）需要采用不同疏散预案的交通隧道、地铁隧道、地铁站台和站厅等场所，应分别按照最短路径疏散原则和避险疏散原则确定相应疏散指示方案；其中，按最短路径疏散原则确定的疏散指示方案应为该场所默认的疏散指示方案。"

（2）《消防应急照明和疏散指示系统技术标准》GB 51309—2018 第 3.2.9 条第 4 款："方向标志灯箭头的指示方向应按照疏散指示方案指向疏散方向，并导向安全出口。"

（3）《消防应急照明和疏散指示系统技术标准》GB 51309—2018 第 3.6.2 条："具有一种疏散指示方案的场所，系统不应设置可变疏散指示方向功能。"

建议：应与建筑专业配合，根据建、构筑物的结构形式和使用功能，以防火分区、楼层、隧道区间、地铁站台和站厅等为基本单元确定各水平疏散区域的疏散指示方案。当走道区域只具有一种疏散指示方案时，应按照最短路径疏散的原则确定方向标志灯箭头的指示方向，并导向安全出口。如正确图 2.1.14-2 所示。

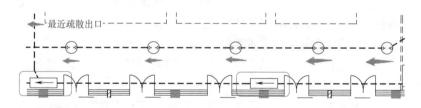

图 2.1.14-2　正确图

2.1.15 采用蓄光型指示标志替代消防应急标志灯具；公共建筑内距地面 8m 及以下的灯具选择 B 型灯具；疏散通道上方设置的应急照明灯具采用玻璃保护罩。

结论：属于违反一般性条文的问题。

依据：

《消防应急照明和疏散指示系统技术标准》GB 51309—2018 第 3.2.1 条：

"2 不应采用蓄光型指示标志替代消防应急标志灯具（以下简称"标志灯"）。

4 设置在距地面 8m 及以下的灯具的电压等级及供电方式应符合下列规定：

1）应选择 A 型灯具；

2）地面上设置的标志灯应选择集中电源 A 型灯具；

3）未设置消防控制室的住宅建筑，疏散走道、楼梯间等场所可选择自带电源 B 型灯具。

5 灯具面板或灯罩的材质应符合下列规定：

1）除地面上设置的标志灯的面板可以采用厚度 4mm 及以上的钢化玻璃外，设置在距地面 1m 及以下的标志灯的面板或灯罩不应采用易碎材料或玻璃材质；

2）在顶棚、疏散路径上方设置的灯具的面板或灯罩不应采用玻璃材质。"

《消防应急照明和疏散指示系统技术标准》GB 51309—2018 第 3.2.1 条第 5 款条文说明：

"蓄光型标志牌是利用储能物质吸收环境照度发光的产品，表面亮度较低，且亮度衰减较快。一般很难保证设置场所的日常照度始终达到蓄光型标志牌储能所需的照度条件，从而很容易导致在火灾条件下其标志的亮度根本无法引起疏散人员的视觉反映，无法有效发挥其疏散指示导引的作用，因此不能采用蓄光型标志牌替代标志灯。

距地面 2.5m 及以下的高度为正常情况下人体可能直接接触到的高度范围，火灾发生时，自动喷水灭火系统、消火栓系统等水灭火系统产生的水灭火介质很容易导致灯具的外壳发生导电现象，为了避免人员在疏散过程中触及灯具外壳而发生电击事故，要求设置在此高度范围内的灯具采用电压等级为安全电压的 A 型灯具。

灯具在疏散走道、通道两侧距离地面 1m 及以下墙面或柱面上设置时，如果灯具的面板或灯罩采用易碎材质，很容易造成人员尤其是儿童的触电事故；如果顶棚或疏散路径上方设置的灯具的面板或灯罩采用玻璃材质，一旦灯具因安装不当发生脱落现象时，玻璃破损时产生的碎片极易会对人体造成伤害；玻璃属于高能耗、高污染的产品，从节能环保的角度也应限制选用；地面设置的灯具除了考虑面板的通透性外，还要考虑面板材质的机械强度，目前钢化玻璃是较为适用的材质之一，因此地面设置的标志灯的面板可以采用厚度 4mm 及以上的钢化玻璃。"

建议：消防应急照明灯具应满足 GB 51309—2018 相应条文规定。

（1）不应采用蓄光型指示标志替代消防应急标志灯具。

（2）除未设置消防控制室的住宅建筑疏散走道、楼梯间等场所可选择自带电源 B 型灯具外，其他建筑内设置在距地面 8m 及以下的灯具应选择 A 型灯具。

（3）应明确应急照明灯具的面板或灯罩材质，除地面标志灯的面板可采用厚度 4mm 及以上的钢化玻璃外，距地面 1m 及以下的标志灯、顶棚、疏散路径上方设置的灯具的面板或灯罩都不应采用玻璃材质。

2.1.16 室内高度大于 4.5m 的厂房选用小型标志灯，标志灯设置间距超 10m。

结论：属于违反一般性条文的问题。

依据：

（1）《消防应急照明和疏散指示系统技术标准》GB 51309—2018 第 3.2.1 条：

"6 标志灯的规格应符合下列规定：

1）室内高度大于 4.5m 的场所，应选择特大型或大型标志灯；

2）室内高度为 3.5m～4.5m 的场所，应选择大型或中型标志灯；

3）室内高度小于 3.5m 的场所，应选择中型或小型标志灯。

注：标志灯的规格见《消防应急照明和疏散指示系统》GB 17945—2010 附录 C 表 C.2。"

产品代码　　　　　　　　　　　　　　　　　表 C.2

产品代码	含　义
Ⅳ	消防标志灯中面板尺寸 $D>1000mm$ 的标志灯，属于特大型
Ⅲ	面板尺寸 $1000mm \geqslant D>500mm$ 的标志灯，属于大型

续表

产品代码	含　义
Ⅱ	面板尺寸 500mm≥D＞350mm 的标志灯,属于中型
Ⅰ	面板尺寸 350mm≥D 的标志灯,属于小型

（2）《消防应急照明和疏散指示系统技术标准》GB 51309—2018 第 3.2.9 条第 2 款:

"2）方向标志灯的标志面与疏散方向垂直时,特大型或大型方向标志灯的设置间距不应大于 30m,中型或小型方向标志灯的设置间距不应大于 20m;方向标志灯的标志面与疏散方向平行时,特大型或大型方向标志灯的设置间距不应大于 15m,中型或小型方向标志灯的设置间距不应大于 10m。"

（3）《消防应急照明和疏散指示系统技术标准》GB 51309—2018 第 4.5.10 条:

"出口标志灯的安装应符合下列规定:

2 室内高度不大于 3.5m 的场所,标志灯底边离门框距离不应大于 200mm;室内高度大于 3.5m 的场所,特大型、大型、中型标志灯底边距地面高度不宜小于 3m,且不宜大于 6m。"

（4）《消防应急照明和疏散指示系统技术标准》GB 51309—2018 第 4.5.11 条:

"方向标志灯的安装应符合下列规定:

3 安装在疏散走道、通道上方时:

1）室内高度不大于 3.5m 的场所,标志灯底边距地面的高度宜为 2.2m～2.5m;

2）室内高度大于 3.5m 的场所,特大型、大型、中型标志灯底边距地面高度不宜小于 3m,且不宜大于 6m。"

建议:标志灯的规格应与安装使用空间相适应,高大空间应选择大型标志灯,其底边距地面高度不小于 3m,最高可达 6m;方向标志灯的标志面与疏散方向垂直时,大型方向标志灯的设置间距最大可大于 30m,相比小型标志灯,大型标志灯的安装高度能与高大空间相适应,便于安装,设置间距可长达小型标志灯的三倍,便于开阔大空间的灵活使用,并且减少了灯具的设置数量。

2.1.17 地面层安全出口外面及附近区域未设应急照明。详见错误
图 2.1.17-1。

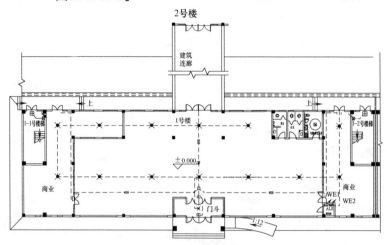

图 2.1.17-1 错误图

结论：属于违反一般性条文的问题。

依据：《消防应急照明和疏散指示系统技术标准》GB 51309—
2018 第 3.2.5 条表 3.2.5：

照明灯的部位或场所及其地面水平最低照度表 表 3.2.5

设置部位或场所	地面水平最低照度
Ⅳ-6. 安全出口外面及附近区域、连廊的连接处两端	不应低于 1.0 lx

GB 51309—2018 与 GB 50016—2014（2018 年版）安全出口定
义的分别：

GB 51309—2018 第 3.2.8 条条文说明		GB 50016—2014（2018 年版） 第 2.1.14 条
安全出口	疏散出口	安全出口
直通室外安全区 域的出口	供人员安全疏散用的楼梯 间的出入口或直通室内安全 区域的出口	供人员安全疏散用的楼梯 间和室外楼梯的出入口或直 通室内外安全区域的出口

建议：参照 GB 51309—2018 第 3.2.8 条条文说明，直通室外
安全区域的出口包括地面层直通室外地面的出入口、符合疏散要求
并具有直接到达地面设施的上人屋面、平台的出入口等。安全出口

外面及附近区域应设置应急照明，当安全出口外面有雨篷时可设吸顶式或壁式灯具；当安全出口外面无雨篷时可设壁式防水灯具。详见 2.1.17-2 正确图。

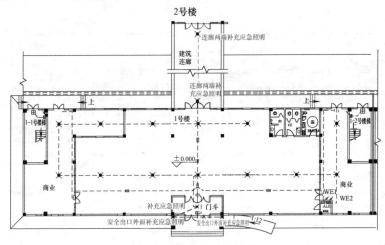

图 2.1.17-2　正确图

2.1.18 通向被借用防火分区甲级防火门的上方设置普通出口标志灯，附近方向标志灯指向此处。如错误图 2.1.18-1 所示。

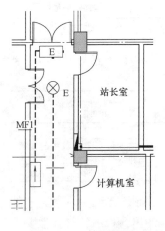

图 2.1.18-1　错误图

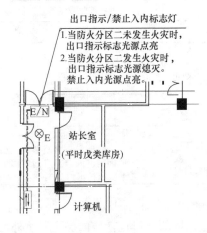

图 2.1.18-2　正确图

结论：出口标志灯和方向标志灯设置有误，属于违反一般性条文的问题。

依据：通往被借用防火分区甲级防火门上方的出口标志灯设置部位，见《消防应急照明和疏散指示系统技术标准》GB 51309—2018 第 3.2.8 条："出口标志灯的设置应符合下列规定：

8 需要借用相邻防火分区疏散的防火分区中，应设置在通向被借用防火分区甲级防火门的上方。"

通向被借用防火分区甲级防火门的上方的出口标志灯，不同于普通出口标志灯，需要具备"出口指示标志"和"禁止入内"两种功能，见 GB 51309—2018 第 3.2.8 条条文说明："需要借用相邻防火分区疏散的防火分区，在被借用防火分区未发生火灾时，相关人员可以通过通向被借用防火分区的甲级防火门疏散，此时设置在通向被借用防火分区甲级防火门的出口标志灯的'出口指示标志'的光源应处于点亮状态；当被借用防火分区发生火灾时，该区域已成为危险区域，通向被借用防火分区甲级防火门也已不能作为疏散出口，因此该处设置的出口标志灯'出口指示标志'的光源应熄灭，同时为了避免人员在疏散过程中进入该危险区域，该出口标志灯还应设置'禁止入内'指示标志，该标志的光源应点亮，以警示人员不要进入。'出口指示标志'和'禁止入内'指示标志可设置在一个独立的灯具中，也可以采用两个分别具有'出口指示标志'和'禁止入内'指示标志的标志灯。"

因此，需要借用相邻防火分区疏散的防火分区，应根据火灾时相邻防火分区可借用和不可借用两种情况，分别按最短路径疏散原则和避险原则确定两种疏散指示方案。参见《消防应急照明和疏散指示系统技术标准》GB 51309—2018 第 3.1.4 条。

建议：通向被借用防火分区甲级防火门的上方应设置"出口指示标志"和"禁止入内"标志灯，附近方向标志灯为双向型，按最短路径疏散原则和避险原则确定两种疏散指示方案。如正确图 2.1.18-2 所示。

2.1.19　楼梯间内楼层标志灯设置部位有误，人员密集场所疏散出口附近未增设多信息复合标志灯。详见错误图 2.1.19-1。

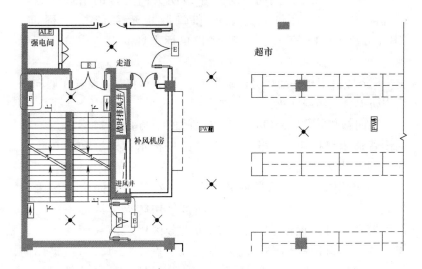

图 2.1.19-1　错误图

结论：属于违反一般性条文的问题。

依据：《消防应急照明和疏散指示系统技术标准》GB 51309—2018。

第 3.2.10 条："楼梯间每层应设置指示该楼层的标志灯。"

第 3.2.11 条："人员密集场所的疏散出口、安全出口附近应增设多信息复合标志灯具。"

第 4.5.12 条："楼层标志灯应安装在楼梯间内朝向楼梯的正面墙上，标志灯底边距地面的高度宜为 2.2m～2.5m。"

建议：楼层标志灯属于规范界定的消防应急灯具。为了便于在楼梯间内的人员准确识别所在楼层的位置，应设置楼层标志灯。在商场等人员密集场所的疏散出口、安全出口附近应增设多信息复合标志灯，使位于人员密集场所的人员能够快速识别疏散出口、安全出口的位置和方位，同时了解自己所处的楼层。详见正确图 2.1.19-2。

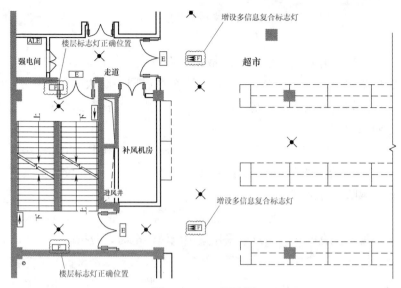

图 2.1.19-2 正确图

2.1.20 消防应急照明水平疏散区域分支线路跨越防火分区。

如错误图 2.1.20-1 所示，左侧防火分区一未设置应急照明电源箱，防火分区一应急照明灯、标志灯电源均引自右侧防火分区二应急照明电源箱，分别与防火分区二应急照明灯、标志灯共回路。

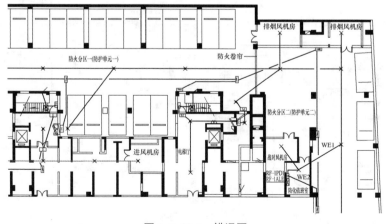

图 2.1.20-1 错误图

结论：属于违反一般性条文的问题。

依据：

（1）《消防应急照明和疏散指示系统技术标准》GB 51309—2018 第 3.3.3 条第 1 款："应按防火分区、同一防火分区的楼层、隧道区间、地铁站台和站厅等为基本单元设置水平疏散区域灯具配电回路。"

（2）《建筑设计防火规范（2018 年版）》GB 50016—2014 第 10.1.7 条："消防配电干线宜按防火分区划分，消防配电支线不宜穿越防火分区。"

建议：应急照明水平疏散区域灯具配电回路不应跨越防火分区。需要注意的是，当灯具采用集中电源供电时，应按防火分区的划分情况设置集中电源，详见 GB 51309—2018 第 3.3.8 条第 2 款第 1）小条，左侧防火分区一增设应急照明集中电源，为本防火分区应急照明灯具供电，详见正确图 2.1.20-2；当灯具采用自带蓄电池供电时，车库等非人员密集场所多个相邻防火分区可设置一个共用的应急照明配电箱，详见 GB 51309—2018 第 3.3.7 条第 2 款第 2）小条。

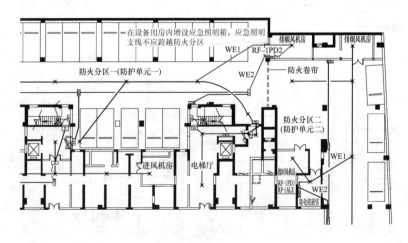

图 2.1.20-2　正确图

2.1.21 防烟楼梯间合用前室内应急照明灯具与楼梯间灯具共回
路；剪刀楼梯间内两侧应急照明灯具共回路。详见错误图
2.1.21-1、图 2.1.21-2。

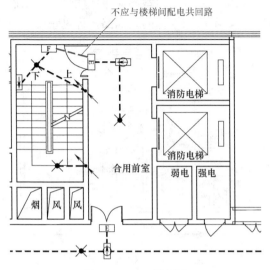

图 2.1.21-1 错误图

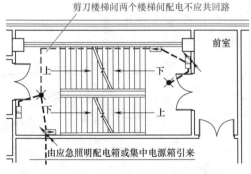

图 2.1.21-2 错误图

结论：属于违反一般性条文的问题。

依据：《消防应急照明和疏散指示系统技术标准》GB 51309—
2018 第 3.3.3 条第 4 款："防烟楼梯间前室及合用前室内设置的灯
具应由前室所在楼层的配电回路供电。"

《消防应急照明和疏散指示系统技术标准》GB 51309—2018 第
3.3.4 条第 1 款:"封闭楼梯间、防烟楼梯间、室外疏散楼梯应单
独设置配电回路。"

建议:防烟楼梯间合用前室内应急照明灯具应由前室所在楼层
的配电回路供电,不应与楼梯间共回路,详见正确图 2.1.21-3。

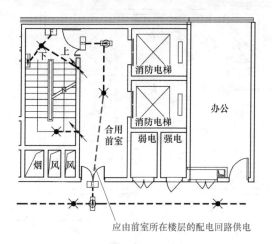

图 2.1.21-3　正确图

剪刀楼梯间应按两个独立的楼梯间考虑,每个楼梯间应单独设
置配电回路。详见正确图 2.1.21-4。

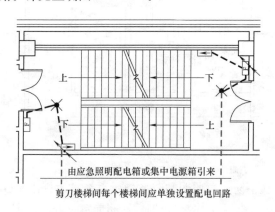

图 2.1.21-4　正确图

2.1.22 应急照明配电回路额定电流值不满足规范规定。

详见错误图 2.1.22-1，某工程 A 型应急照明灯具额定工作电压为 DC36V，单灯功率为 11W，回路总功率为 231W，回路额定电流 6.42A。

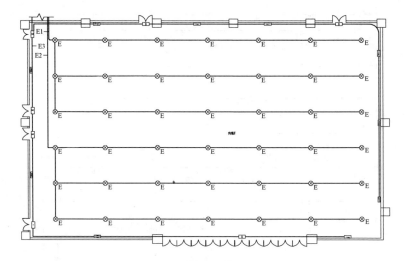

图 2.1.22-1 错误图

结论：属于违反一般性条文的问题。

依据：应急照明配电回路配接灯具的数量，额定功率、额定电流的规定见以下条文：

(1)《消防应急照明和疏散指示系统技术标准》GB 51309—2018 第 3.3.5 条："任一配电回路配接灯具的数量、范围应符合下列规定：

1 配接灯具的数量不宜超过 60 只；

2 道路交通隧道内，配接灯具的范围不宜超过 1000m；

3 地铁隧道内，配接灯具的范围不应超过一个区间的 1/2。"

(2)《消防应急照明和疏散指示系统技术标准》GB 51309—2018 第 3.3.6 条："任一配电回路的额定功率、额定电流应符合下列规定：

1 配接灯具的额定功率总和不应大于配电回路额定功率的 80%；

2 A 型灯具配电回路的额定电流不应大于 6A；B 型灯具配电

回路的额定电流不应大于 10A。"

建议：应减少 A 型灯具配电回路灯具数量，增加配电回路，以满足 A 型灯具配电回路的额定电流不应大于 6A 要求。详见正确图 2.1.22-2。

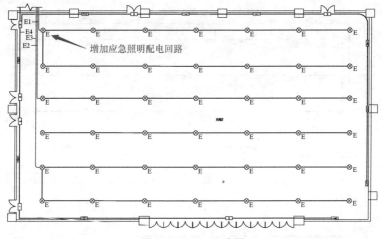

图 2.1.22-2　正确图

2.1.23　应急照明集中电源设置在公共空间内。详见错误图 2.1.23-1。

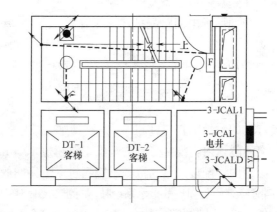

图 2.1.23-1　错误图

结论：属于一般性条文的问题。

依据：

（1）《消防应急照明和疏散指示系统技术标准》GB 51309—2018 第 3.3.8 条第 2 款："集中电源的设置应符合下列规定：

1）应综合考虑配电线路的供电距离、导线截面、压降损耗等因素，按防火分区的划分情况设置集中电源；灯具总功率大于5kW 的系统，应分散设置集中电源。

2）应设置在消防控制室、低压配电室、配电间内或电气竖井内；设置在消防控制室内时，应符合本标准第 3.4.6 条的规定；集中电源的额定输出功率不大于 1kW 时，可设置在电气竖井内。"

（2）《消防应急照明和疏散指示系统技术标准》GB 51309—2018 第 3.3.8 条第 1 款："集中电源的选择应符合下列规定：

1）应根据系统的类型及规模、灯具及其配电回路的设置情况、集中电源的设置部位及设备散热能力等因素综合选择适宜电压等级与额定输出功率的集中电源；集中电源额定输出功率不应大于 5kW；设置在电缆竖井中的集中电源额定输出功率不应大于 1kW。

2）蓄电池电源宜优先选择安全性高、不含重金属等对环境有害物质的蓄电池（组）。

3）在隧道场所、潮湿场所，应选择防护等级不低于 IP65 的产品；在电气竖井内，应选择防护等级不低于 IP33 的产品。"

建议：设在公共空间的应急照明集中电源应移至电气竖井内，集中电源的额定输出功率不大于 1kW，防护等级不低于 IP33。详见正确图 2.1.23-2。

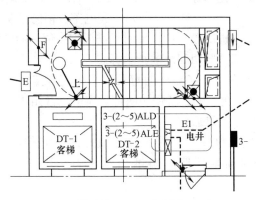

图 2.1.23-2　正确图

2.1.24 消防控制室未同时设置备用照明、疏散照明和疏散指示标志；消防安防控制室备用照明由安防电源配电箱供电。

1. 如错误图 2.1.24-1 所示，发生火灾时仍需工作、值守的消防控制室仅设置备用照明，未设疏散照明和疏散指示标志。

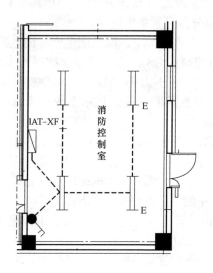

图 2.1.24-1　错误图

结论：属于违反一般性条文的问题。

依据：《消防应急照明和疏散指示系统技术标准》GB 51309—2018 第 3.8.1 条："避难间（层）及配电室、消防控制室、消防水泵房、自备发电机房等发生火灾时仍需工作、值守的区域应同时设置备用照明、疏散照明和疏散指示标志。"

第 3.8.2 条："1 备用照明灯具可采用正常照明灯具，在火灾时应保持正常的照度；2 备用照明灯具应由正常照明电源和消防电源专用应急回路互投后供电。"

建议：发生火灾时仍需工作、值守的消防控制室应同时设置备用照明、疏散照明和疏散指示标志。如正确图 2.1.24-2 所示。

2. 如错误图 2.1.24-3 所示，消防控制室仅设置备用照明，未

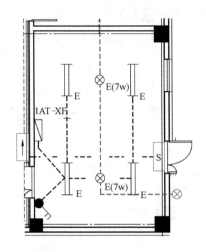

图 2.1.24-2　正确图

设疏散照明和疏散指示标志；消防控制室照明电源引自安防配电箱 ALAF。

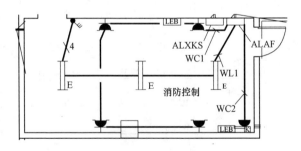

图 2.1.24-3　错误图

结论：属于违反一般性条文的问题。

依据：《消防应急照明和疏散指示系统技术标准》GB 51309—2018 第 3.8.1、3.8.2 条。

建议：消防控制室应同时设置备用照明、疏散照明和疏散指示标志；其照明电源不应引自非消防配电箱 ALAF，应引自消防控制室双电源互投配电箱 ALXKS。如正确图 2.1.24-4 所示。

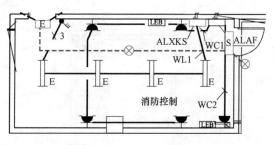

图 2.1.24-4 正确图

2.1.25 集中电源集中控制型消防应急照明及疏散指示系统未接入正常照明电源信号，不能完全实现非火灾状态下的控制设计。如错误图 2.1.25-1 所示。

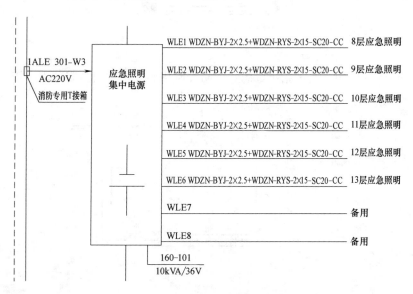

图 2.1.25-1 错误图

结论：属于违反一般性条文的问题。

依据：《消防应急照明和疏散指示系统技术标准》GB 51309—2018 第 3.6.7 条："在非火灾状态下，任一防火分区、楼层、隧道区间、地铁站台和站厅的正常照明电源断电后，系统的控制设计应符合下列规定：

1 为该区域内设置灯具供配电的集中电源或应急照明配电箱应在主电源供电状态下，连锁控制其配接的非持续型照明灯的光源应急点亮、持续型灯具的光源由节电点亮模式转入应急点亮模式；

2 该区域正常照明电源恢复供电后，集中电源或应急照明配电箱应连锁控制其配接的灯具的光源恢复原工作状态。"

建议：集中电源采用消防电源供电时，应同时采集相应区域正常照明电源信号，保证在非火灾状态下正常照明电源断电后，非持续型照明灯的光源应急点亮、持续型灯具的光源由节电点亮模式转入应急点亮模式；正常照明电源恢复供电后，灯具的光源恢复原工作状态。详见正确图 2.1.25-2。

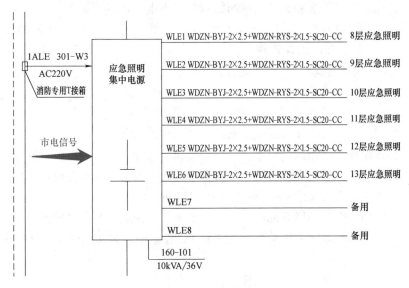

图 2.1.25-2　正确图

2.1.26　地下室水泵房内配电箱的配出线路采用 KBG 金属导管明敷。

结论：属于违反一般性条文的问题。

依据：《民用建筑电气设计标准》GB 51348—2019 第 8.3.2 条："明敷于潮湿场所或埋于素土内的金属导管，应采用管壁厚度不小于 2.0mm 的钢导管，并采取防腐措施。明敷或暗敷于干燥场所的金属导管宜采用管壁厚度不小于 1.5mm 的镀锌钢导管。"

建议：设计时，地下室水泵房为潮湿场所，故其内配电箱的配出线路应采用管壁厚度不小于 2.0mm 的钢导管，不应采用管壁厚度小于 2.0mm 的 KBG 金属导管。按 KBG 管制造标准其壁厚难以达到 2mm，此类场所建议不采用 KBG 管。

2.1.27 建筑物外表面垂直敷设的金属构件顶端、底端未与大楼防雷装置作等电位连接。

结论：属于违反一般性条文的问题。

依据：《建筑物防雷设计规范》GB 50057—2010 第 4.3.9 条第 3 款："高度超过 45m 的建筑物，外墙内、外竖直敷设的金属管道及金属物的顶端和底端，应与防雷装置等电位连接。"

《建筑物防雷设计规范》GB 50057—2010 第 4.4.8 条第 3 款："高度超过 60m 的建筑物，外墙内、外竖直敷设的金属管道及金属物的顶端和底端，应与防雷装置等电位连接。"

建议：设计应依据 GB 50057—2010 上述条文，对建筑高度大于 45m 的第二类防雷建筑物、建筑高度大于 60m 的第三类防雷建筑物，要求大楼外表面垂直敷设的金属构件顶端、底端与大楼防雷装置作等电位连接。对于玻璃幕墙金属构架等外墙外竖直敷设的金属物，其顶端和底端与防雷装置等电位连接做法，可参考现行国标图集《防雷与接地》15D503 第 22、23 页。

2.1.28 航空障碍灯配电箱内开关的电源侧未装设电涌保护器，从配电箱引出的配电线路穿 PC 管敷设。如错误图 2.1.28-1 所示。

结论：属于违反一般性条文的问题。

依据：《建筑物防雷设计规范》GB 50057—2010 第 4.5.4 条："固定在建筑物上的节日彩灯、航空障碍信号灯及其他用电设备和线路应根据建筑物的防雷类别采取相应的防止闪电电涌侵入的措施，并应符合下列规定：

1 无金属外壳或保护网罩的用电设备应处在接闪器的保护范围内。

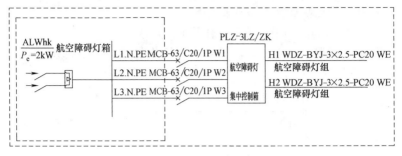

图 2.1.28-1　错误图

2 从配电箱引出的配电线路应穿钢管。钢管的一端应与配电箱和 PE 线相连；另一端应与用电设备外壳、保护罩相连，并应就近与屋顶防雷装置相连。当钢管因连接设备而中间断开时应设跨接线。

3 在配电箱内应在开关的电源侧装设Ⅱ级试验的电涌保护器，其电压保护水平不应大于 2.5kV，标称放电电流值应根据具体情况确定。"

建议：固定在建筑物上的节日彩灯、航空障碍信号灯及其他用电设备配电箱，应在开关的电源侧装设Ⅱ级试验的电涌保护器，其电压保护水平不应大于 2.5kV，标称放电电流值应根据具体情况确定。

从配电箱引出的配电线路应穿钢管。钢管的一端应与配电箱和 PE 线相连；另一端应与用电设备外壳、保护罩相连，并应就近与屋顶防雷装置相连。当钢管因连接设备而中间断开时应设跨接线。详见正确图 2.1.28-2。

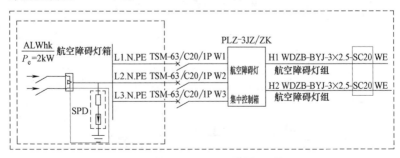

图 2.1.28-2　正确图

2.1.29 常见防雷接闪器设置错误：

1. 坡屋面接闪带设置不符合要求。

详见错误图 2.1.29-1，屋脊等建筑物易受雷击的部位未设置接闪网或接闪带。

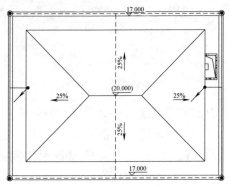

图 2.1.29-1 错误图

结论：属于违反一般性条文的问题。

依据：《建筑物防雷设计规范》GB 50057—2010 第 4.3.1、4.4.1 条："接闪网、接闪带应按本规范附录 B 的规定沿屋角、屋脊、屋檐和檐角等易受雷击的部位敷设。"

GB 50057—2010 附录 B.0.2："坡度大于 1/10 且小于 1/2 的屋面，屋角、屋脊、檐角、屋檐应为其易受雷击的部位。"

建议：应按规范要求，在屋脊等建筑物易受雷击的部位设置接闪器，详见正确图 2.1.29-2。

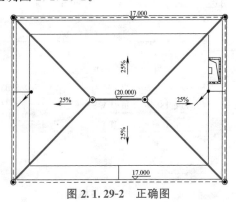

图 2.1.29-2 正确图

2. 接闪网网格尺寸不满足规范要求。

详见错误图 2.1.29-3，第二类防雷建筑物接闪网网格尺寸大于 10m×10m 或 12m×8m。

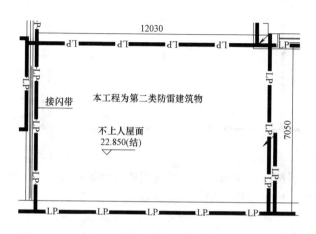

图 2.1.29-3 错误图

结论：属于涉及违反一般性条文的问题。

依据：《建筑物防雷设计规范》GB 50057—2010 第 5.2.12 条："专门敷设的接闪器，其布置应符合 GB 50057—2010 表 5.2.12 的规定。"

接闪器布置

表 5.2.12

建筑物防雷类别	滚珠半径 h_1(m)	接闪网网格尺寸(m)
第一类防雷建筑物	30	≤5×5 或≤6×4
第二类防雷建筑物	45	≤10×10 或≤12×8
第三类防雷建筑物	60	≤20×20 或≤24×16

建议：接闪网网格尺寸应满足 GB 50057—2010 第 5.2.12 条要求（注意不是网格面积），不满足时应增设接闪带，如正确图 2.1.29-4 所示。

图 2.1.29-4　正确图

2.1.30　厨房、锅炉房、发电机房设置感烟探测器。

结论：属于违反一般性条文问题。

依据：《火灾自动报警系统设计规范》GB 50116—2013 第5.2.5条："符合下列条件之一的场所，宜选择点型感温火灾探测器；且应根据使用场所的典型应用温度和最高应用温度选择适当类别的感温火灾探测器：

1 相对湿度经常大于95%。

2 可能发生无烟火灾。

3 有大量粉尘。

4 吸烟室等在正常情况下有烟或蒸汽滞留的场所。

5 厨房、锅炉房、发电机房、烘干车间等不宜安装感烟火灾探测器的场所。

6 需要联动熄灭'安全出口'标志灯的安全出口内侧。

7 其他无人滞留且不适合安装感烟火灾探测器，但发生火灾时需要及时报警的场所。"

建议：厨房、锅炉房、发电机房、烘干车间等不宜安装感烟火灾探测器的场所，按照GB 50116—2013第5.2.5条规定，宜选择点型感温火灾探测器。

2.1.31　出入口处未设手动报警按钮。

如错误图2.1.31-1所示，设计利用水专业提资图，采用与消火栓相邻方式设置手动火灾报警按钮，其设置间距能够满足规范要求，但出入口处未设手动报警按钮（因出入口处未设消火栓）。

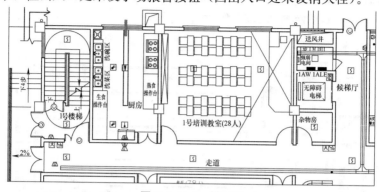

图 2.1.31-1　错误图

结论：属于涉及一般性条文的问题。

依据：《火灾自动报警系统设计规范》GB 50116—2013 第 6.3.1
条："每个防火分区应至少设置一只手动火灾报警按钮，从一个防火
分区内的任何位置到最邻近的手动火灾报警按钮的步行距离不应大
于 30m。手动火灾报警按钮宜设置在疏散通道或出入口处。"

建议：手动报警按钮设置应满足 GB 50116—2013 第 6.3.1 条
要求，在满足从一个防火分区内的任何位置到最邻近的手动火灾报
警按钮的步行距离不大于 30m 前提下，宜将手动火灾报警按钮设
置在疏散通道或出入口处，便于人员触及及操作，使手动报警按钮
真正发挥应有的作用，使"人防""技防"相互补充，相得益彰。
如正确图 2.1.31-2 所示。

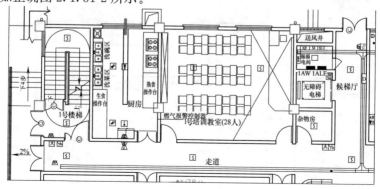

图 2.1.31-2　正确图

2.1.32 消防电梯前室、建筑物内部拐角处未设置火灾光警报器。如错误图 **2.1.32-1** 所示。

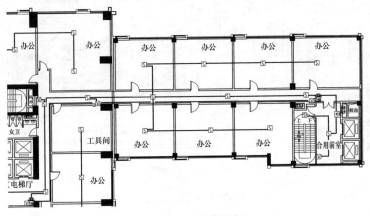

图 2.1.32-1　错误图

结论：属于违反一般性条文的问题。

依据：　《火灾自动报警系统设计规范》GB 50116—2013 第 6.5.1 条："火灾光警报器应设置在每个楼层的楼梯口、消防电梯前室、建筑内部拐角等处的明显部位，且不宜与安全出口指示标志灯具设置在同一面墙上。"

建议：应在每个楼层的楼梯口、消防电梯前室、建筑内部拐角等处的明显部位设置火灾光报警器，详见正确图 2.1.32-2。

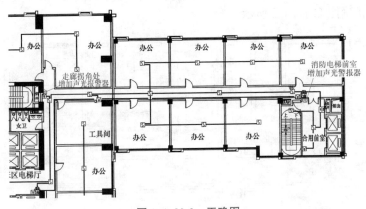

图 2.1.32-2　正确图

2.1.33 高层住宅公共部位未设置具有语音功能的火灾声警报装置或应急广播，详见错误图 **2.1.33-1**。

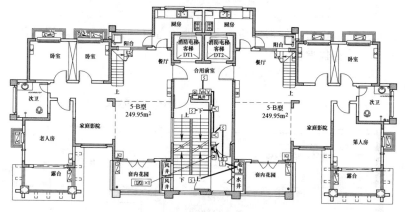

图 2.1.33-1　错误图

结论：属于违反一般性条文的问题。

依据：《建筑设计防火规范（2018 年版）》GB 50016—2014 第 8.4.2 条："高层住宅建筑的公共部位应设置具有语音功能的火灾声警报装置或应急广播。"

建议：在高层住宅建筑的公共部位应设置具有语音功能的火灾声警报装置或应急广播，详见正确图 2.1.33-2。应急广播

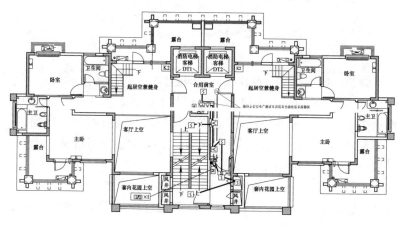

图 2.1.33-2　正确图

与火灾声警报装置是"或"的关系，非"与"的关系，即如果已设置了具有语音功能的火灾声警报装置，可以不设置应急广播。

2.1.34 消控室内的消防设备与其他设备并列放置，无明显间隔。如错误图 2.1.34-1 所示。

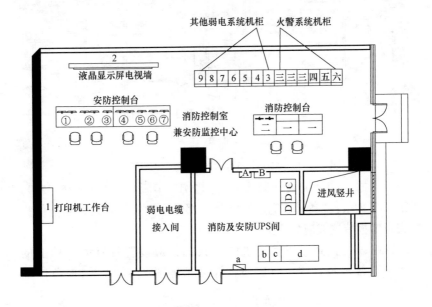

图 2.1.34-1　错误图

结论：属于违反一般性条文的问题。

依据：《火灾自动报警系统设计规范》GB 50116—2013 第 3.4.8 条第 5 款："消防控制室内设备的布置应符合下列规定：与建筑其他弱电系统合用的消防控制室内，消防设备应集中设置，并应与其他设备间有明显间隔。"

建议：当消防控制与安全防范系统等弱电系统合用控制室时，设计应将消防设备集中设置，并应与其他设备间有明显间隔。详见正确图 2.1.34-2。

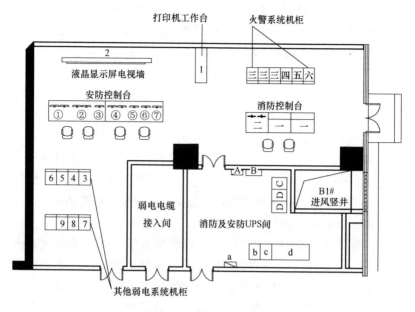

图 2.1.34-2　正确图

2.1.35　设置气体灭火系统的变电所仅设置了感烟探测器，且未设置声光报警装置。详见错误图 2.1.35-1。

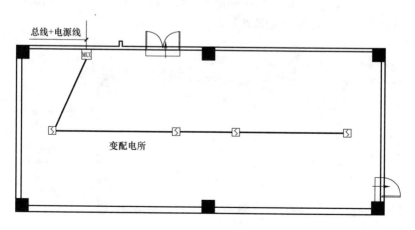

图 2.1.35-1　错误图

结论：属于违反一般性条文的问题。设置气体灭火系统的变电所仅设置感烟探测器，未设置声光报警装置，不符合《火灾自动报警系统设计规范》GB 50116—2013 第 4.4.2 条规定。

依据：《火灾自动报警系统设计规范》GB 50116—2013 第 4.4.2 条第 1 款及第 5 款："气体灭火系统的自动控制方式应符合下列规定：

1 应由同一防护区域内两只独立的火灾探测器的报警信号、一只火灾探测器与一只手动火灾报警按钮的报警信号或防护区外的紧急启动信号，作为系统的联动触发信号，探测器的组合宜采用感烟火灾探测器和感温火灾探测器，各类探测器应按本规范第 6.2 节的规定分别计算保护面积。

5 气体灭火防护区出口外上方应设置表示气体喷洒的火灾声光警报器，指示气体释放的声信号应与该保护对象中设置的火灾声警报器的声信号有明显区别。启动气体灭火装置、泡沫灭火装置的同时，应启动设置在防护区入口处表示气体喷洒的火灾声光警报器。"

建议：变电所气体灭火系统防护区域内探测器的组合宜采用感烟火灾探测器和感温火灾探测器，在气体灭火防护区出口外上方应设置指示气体释放的声光报警装置，其声信号区别于变电所内的声光报警装置。详见正确图 2.1.35-2。

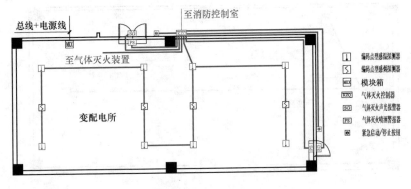

图 2.1.35-2　正确图

2.1.36 未设计消火栓系统出水干管上设置的低压压力开关、高位消防水箱出水管上设置的流量开关或报警阀压力开关直接启动消火栓泵的信号线路。详见错误图 2.1.36-1。

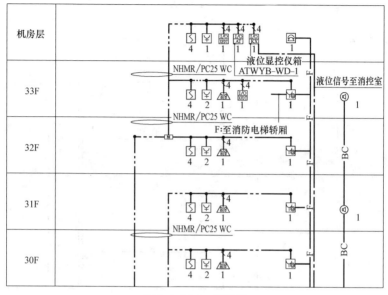

图 2.1.36-1　错误图

结论：属于违反一般性条文问题。

依据：

（1）《火灾自动报警系统设计规范》GB 50116—2013 第 4.3.1 条："联动控制方式，应由消火栓系统出水干管上设置的低压压力开关、高位消防水箱出水管上设置的流量开关或报警阀压力开关等信号作为触发信号，直接控制启动消火栓泵，联动控制不应受到消防联动控制器处于自动或手动状态影响。"

（2）《消防给水及消火栓系统技术规范》GB 50974—2014 第 11.0.4 条："消防水泵应由消防水泵出水干管上设置的压力开关、高位消防水箱出水管上的流量开关，或报警阀压力开关等开关信号应能直接自动启动消防水泵。消防水泵房内的压力开关宜引入消防水泵控制柜内。"

建议：设计时火灾自动报警系统，应设置消防水泵出水干管上的低压压力开关、高位消防水箱出水管上的流量开关或报警阀压力开关等直接控制启动消防水泵的信号线。详见正确图 2.1.36-2。

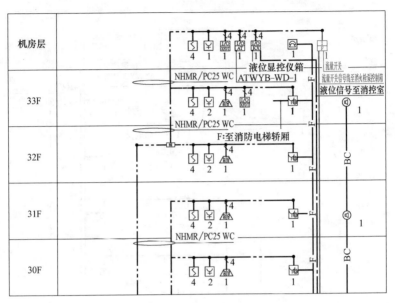

图 2.1.36-2 正确图

2.1.37 可燃气体探测器直接接入火灾报警探测回路。
详见错误图 2.1.37-1。

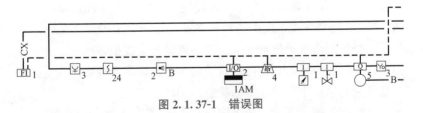

图 2.1.37-1 错误图

结论：属于违反一般性条文的问题。

依据：《火灾自动报警系统设计规范》GB 50116—2013 第 8.1.2 条："可燃气体探测报警系统应独立组成，可燃气体探测器不应接入火灾报警控制器的探测器回路；当可燃气体的报警信号需接入火灾自动报警系统时，应由可燃气体报警控制器接入。"

建议：可燃气体探测报警系统应独立组成，需接入火灾自动报警系统时，应由可燃气体报警控制器接入。详见正确图 2.1.37-2。

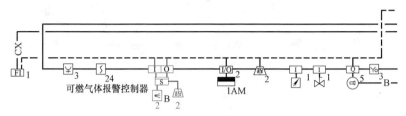

图 2.1.37-2　正确图

第 2 节　超高层建筑电气设计涉及非强条的错误及解答

2.2.1 避难层设置的消防专用电话分机或插孔设置间距超过 **20m**。详见错误图 **2.2.1-1**。

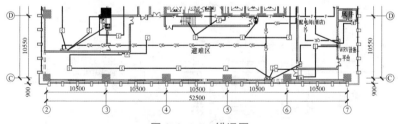

图 2.2.1-1　错误图

结论：属于违反一般性条文的问题。

依据：《火灾自动报警系统设计规范》GB 50116—2013 第 6.7.4 条："消防专用电话分机或电话插孔的设置，应符合下列规定：

3 各避难层应每隔 20m 设置一个消防专用电话分机或电话插孔。"

建议：避难层内消防专用电话分机或电话插孔安装间距不应超过 20m，以满足 GB 50116—2013 第 6.7.4 条规定，详见正确图 2.2.1-2。

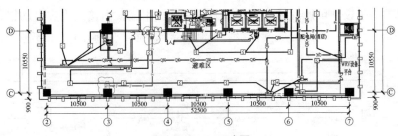

图 2.2.1-2 正确图

2.2.2 消防应急照明和疏散指示系统设计中：避难层和避难层连接的下行楼梯间未单独设置配电回路。详见错误图 2.2.2-1。

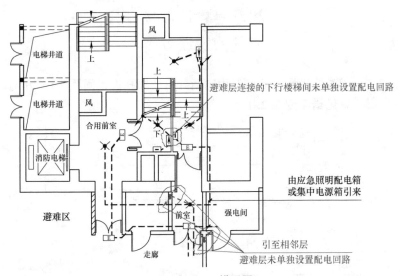

图 2.2.2-1 错误图

结论：属于违反一般性条文的问题。

依据：《消防应急照明和疏散指示系统技术标准》GB 51309—2018 第 3.3.4 条："竖向疏散区域灯具配电回路的设计应符合下列规定：3 避难层和避难层连接的下行楼梯间应单独设置配电回路。"

建议：避难层和避难层连接的下行楼梯间应单独设置配电回路，详见正确图 2.2.2-2。

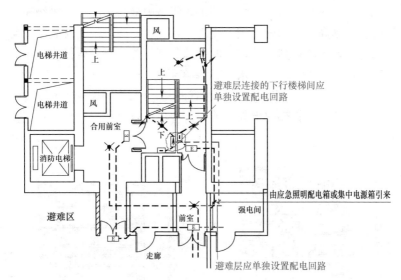

图 2.2.2-2　正确图

2.2.3　航空障碍灯未按主体建筑的最高负荷等级供电；航空障碍灯仅在屋顶最高点四角设置，外立面未设置。详见错误图 2.2.3-1。

结论：属于违反一般性条文的问题。

依据：《民用建筑电气设计标准》GB 51348—2019 第 10.2.7 条："航空障碍标志灯的设置应符合下列规定：

1 航空障碍标志灯应装设在建筑物或构筑物的最高部位；当制高点平面面积较大或为建筑群时，除在最高端装设障碍标志灯外，还应在其外侧转角的顶端分别设置航空障碍标志灯。

2 航空障碍标志灯的水平安装间距不宜大于 52m；垂直安装自地面以上 45m 起，以不大于 52m 的等间距布置。

3 航空障碍标志灯宜采用自动通断电源的控制装置，并宜采取变化光强的措施。"

《民用建筑电气设计标准》GB 51348—2019 第 10.6.2 条："航空障碍标志灯和高架直升机场灯光系统电源应按主体建筑中最高用电负荷等级要求供电。"

建议：航空障碍标志灯应按主体建筑中最高用电负荷等级要求供电。当制高点平面面积较大或为建筑群时，除在最高端装设障碍标志灯外，还应在其外侧转角的顶端分别设置航空障碍标志灯，如正确图 2.2.3-2 所示。其水平、垂直距离应满足 GB 51348—2019 第 10.2.7 条第 2 款规定。需要注意的是，建筑物中间是否设置航空障碍灯还与空管部门批复有关，某些项目空管部门只允许在屋顶安装。

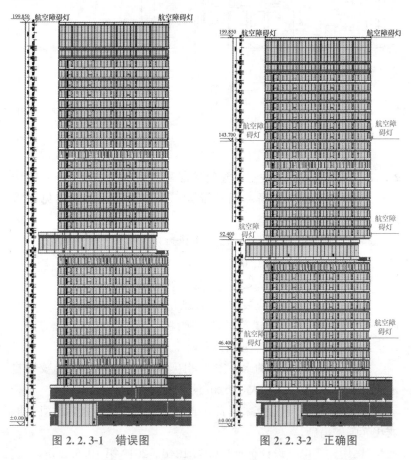

图 2.2.3-1　错误图　　　　　图 2.2.3-2　正确图

航空障碍标志灯技术要求应符合《民用建筑电气设计标准》GB 51348—2019 表 10.2.7 的规定，包括障碍标志灯类型、灯光颜色、控光方式及适用高度等。应注意，按照《民用建筑电气设计标准》GB 51348—2019 第 10.2.7 条条文说明，为了减少夜间标志灯对居民的干扰，低于 45m 的建筑物和其他建筑物低于 45m 的部分只能使用低光强（小于 32.5cd）的障碍标志灯。

第3节 高铁站建筑电气设计涉及非强条的错误及解答

2.3.1 地道、雨篷、室外广告屏配电箱未设剩余电流动作保护和电涌保护器。

结论：属于涉及一般性条文的问题。

依据：

（1）《民用建筑电气设计标准》GB 51348—2019 第 7.5.5 条："剩余电流保护器的设置应符合下列规定：

5 下列设备的配电线路应设置额定剩余动作电流值不大于 30mA 的剩余电流保护器：

3）室外工作场所的用电设备。"

（2）《民用建筑电气设计标准》GB 51348—2019 第 10.7.4 条："景观照明的供电与控制应符合下列规定：

4 采用 I 类灯具的室外分支线路应装设剩余电流动作保护器。"

（3）《建筑物防雷设计规范》GB 50057—2010 第 4.5.4 条："固定在建筑物上的节日彩灯、航空障碍信号灯及其他用电设备和线路应根据建筑物的防雷类别采取相应的防止闪电电涌侵入的措施，并应符合下列规定：

1 无金属外壳或保护网罩的用电设备应处在接闪器的保护范围内。

2 从配电箱引出的配电线路应穿钢管。钢管的一端应与配电箱和 PE 线相连；另一端应与用电设备外壳、保护罩相连，并应就近与屋顶防雷装置相连。当钢管因连接设备而中间断开时应设跨接线。

3 在配电箱内应在开关的电源侧装设 II 级试验的电涌保护器，

其电压保护水平不应大于 2.5kV，标称放电电流值应根据具体情况确定。"

建议：高铁站建筑中室外广告信息屏处于室外环境，地道、雨篷涉及室外环境，相应配电箱内配电回路应设置剩余电流动作保护，并在开关的电源侧装设电涌保护器，以满足《民用建筑电气设计标准》GB 51348—2019 和《建筑物防雷设计规范》GB 50057—2010 相关条文规定。

2.3.2 高于 8m 的候车厅等高大场所采用金卤灯作为应急照明灯具。

结论：属于违反一般性条文的问题。

依据：

(1)《建筑照明设计标准》GB 50034—2013 第 3.2.3 条："应急照明应选用能快速点亮的光源。"

(条文说明："应急照明采用荧光灯、发光二极管灯等，因在正常照明断电时可在几秒内达到标准流明值；对于疏散标志灯可采用发光二极管灯。而采用高强度气体放电灯达不到上述的要求")

(2)《交通建筑电气设计规范》JGJ 243—2011 第 8.3.3 条第 4款："应急照明应选用紧凑型荧光灯、荧光灯、LED 灯等能快速点燃的光源，疏散指示标志照明宜选用 LED 疏散指示灯。"

(条文说明："紧凑型荧光灯、荧光灯、LED 灯均能快速点亮，能保证应急照明的需要")

建议：高度高于 8m 的候车厅光源选择参见《建筑照明设计标准》GB 50034—2013 第 3.2.2 条：

灯具安装高度较高的场所，应按使用要求，采用金属卤化物灯、高压钠灯或高频大功率细管直管荧光灯。金属卤化物灯具有显色性好、光效高、寿命长等优点，因而得到普遍应用。但是金属卤化物灯或高压钠灯再启动时间过长，不能够快速点亮，难以满足应急照明的需要，尽管随着灯具的技术发展，部分采用高频电子镇流器的金卤灯也可以在熄灭后快速点亮，但现阶段应急照明灯具采用 LED 照明灯具应是最好的选择。建议高于 8m 的候车厅等高大场所采用大功率 LED 灯具作为应急照明灯具。

第4节　机场建筑电气设计涉及非强条的错误及解答

2.4.1　候机厅屋面电动排烟窗未设消防联动控制措施。详见错误图 2.4.1-1。

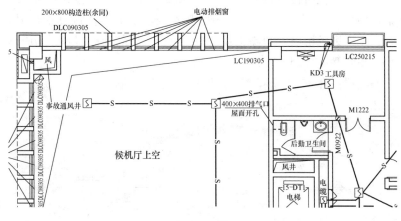

图 2.4.1-1　错误图

结论：属于违反一般性条文的问题。

依据：

（1）《火灾自动报警系统设计规范》GB 50116—2013 第 4.5.2 条："排烟系统的联动控制方式应符合下列规定：

1 应由同一防烟分区内的两只独立的火灾探测器的报警信号，作为排烟口、排烟窗或排烟阀开启的联动触发信号，并应由消防联动控制器联动控制排烟口、排烟窗或排烟阀的开启，同时停止该防烟分区的空气调节系统。

2 应由排烟口、排烟窗或排烟阀开启的动作信号，作为排烟风机启动的联动触发信号，并应由消防联动控制器联动控制排烟风机的启动。"

（2）《火灾自动报警系统设计规范》GB 50116—2013 第 4.5.3 条："防烟系统、排烟系统的手动控制方式，应能在消防控制室内的消防联动控制器上手动控制送风口、电动挡烟垂壁、排烟口、排烟窗、排烟阀的开启或关闭及防烟风机、排烟风机等设备的启动或停止，防烟、排烟风机的启动、停止按钮应采用专用线路直接连接至设置在消防控制室内的消防联动控制器的手动控制盘，并应直接手动控制防烟、排烟风机的启动、停止。"

（3）《火灾自动报警系统设计规范》GB 50116—2013 第 4.5.4 条："送风口、排烟口、排烟窗或排烟阀开启和关闭的动作信号，防烟、排烟风机启动和停止及电动防火阀关闭的动作信号，均应反馈至消防联动控制器。"

建议：补充电动排烟窗的消防联动控制设计，详见正确图 2.4.1-2。

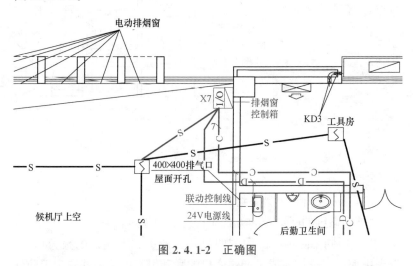

图 2.4.1-2　正确图

2.4.2　机场 400Hz 电源设备使用的低压断路器，未选择额定频率与所在回路的频率相适应的电路。

结论：属于涉及一般性条文的问题。

依据：《交通建筑电气设计规范》JGJ 243—2011 第 6.3.6 条："机场建筑 400Hz 电源系统等特殊场合使用的低压断路器，应选用能满足 400Hz 电网中使用的断路器和剩余电流保护装置。"

《低压配电设计规范》GB 50054—2011 第 3.1.1 条："低压配

电设计所选用的电器,应符合国家现行的有关产品标准,并应符合下列规定:电器的额定频率应与所在回路的频率相适应。"

建议:低压配电系统中,机场 400Hz 电源设备使用的低压断路器,应选择额定频率与所在回路的频率相适应的电器。由于频率的不同,原本在 50Hz 电网使用的断路器磁脱扣值和剩余电流保护装置的剩余动作电流值都可能发生变化,故 400Hz 电源系统中,应选用能满足 400Hz 电网中使用的断路器和剩余电流保护装置。

第5节　客运站建筑电气设计涉及
非强条的错误及解答

2.5.1 消防联动控制器未设置能自动打开涉及疏散的检票闸机等的功能。详见错误图 2.5.1-1。

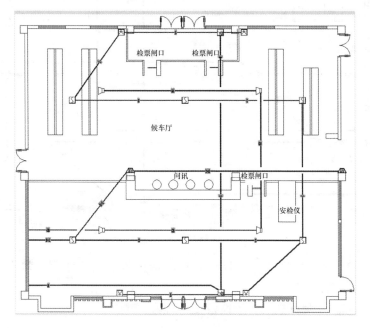

图 2.5.1-1　错误图

结论：属于违反一般性条文的问题。

依据：《火灾自动报警系统设计规范》GB 50116—2013 第4.10.2条："消防联动控制器应具有打开涉及疏散的电动栅杆等的功能，宜开启相关区域安全技术防范系统的摄像机监视火灾现场。"

建议：应设置控制疏散通道上的电动栅杆或门禁系统的模块，火灾确认后由消防联动控制器联动打开涉及疏散的电动栅杆，并锁定在开启状态。详见正确图2.5.1-2。电动栅杆或门禁系统与火灾自动报警系统的联动也可以通过系统间的信息交换来实现。

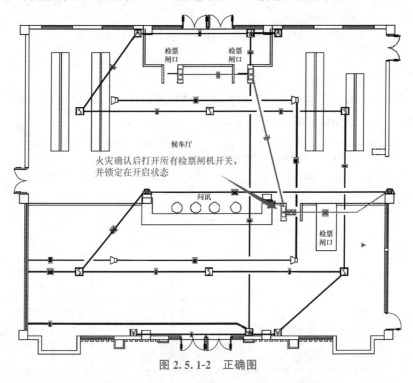

图 2.5.1-2　正确图

2.5.2 客运站建筑售票厅、候车厅备用照明照度低于正常照明的20%。

结论：属于违反一般性条文的问题。

依据：

(1)《交通建筑电气设计规范》JGJ 243—2011 第8.3.2条第2

款："各场所下列情况应设置应急照明：

1）正常照明因故障熄灭后，需确保正常工作或活动继续进行的场所，应设置备用照明；

2）正常照明因故障熄灭后，需确保各类人员安全疏散的出口和通道，应设置疏散照明；

3）应急照明设置部位可按表 8.3.2 选择。"

应急照明的设置部位   表 8.3.2

应急照明种类	设 置 部 位
备用照明	消防控制室、自备电源室、变配电室、消防水泵房、防烟及排烟机房、电话总机房、电子信息机房、建筑设备监控系统控制室、安全防范控制中心、监控机房、机场塔台、售(办)票厅、候机(车)厅、出发到达大厅、站厅、安检、检票、行李托运、行李认领处以及在火灾、事故时仍需要坚持工作的其他场所，指挥中心、急救中心等
疏散照明	疏散楼梯间、防烟楼梯间前室、疏散通道、消防电梯间及其前室、合用前室、售(办)票厅、候机(车)厅、出发到达大厅、站厅、安检、行李托运、行李认领、长度超过 20m 的内走道、安全出口等

(2)《交通建筑电气设计规范》JGJ 243—2011 第 8.5.2 条："火灾应急照明的照度标准应符合下列规定：

1 备用照明的照度值不应低于该场所一般照明正常照度值的 20%。"

(3)《建筑设计防火规范（2018 年版）》GB 50016—2014 第 10.3.3 条："消防控制室、消防水泵房、自备发电机房、配电室、防排烟机房以及发生火灾时仍需正常工作的消防设备房应设置备用照明，其作业面最低照度不应低于正常照明的照度。"

建议：《交通建筑电气设计规范》JGJ 243—2011 第 8.5.2 条第 2 款所述的备用照明，包括消防备用照明和非消防备用照明，消防备用照明的设置比例应满足《建筑设计防火规范》第 10.3.3 条强条规定，并采用消防电源供电；非消防备用照明照度值不应低于该场所一般照明正常照度值的 20%，非消防备用照明灯具可以与正常照明灯具合用，其供电方式应满足所属负荷等级供电要求，例如可以在售票厅、候车厅配置专用备用照明配电箱，容量为正常照明的 20%，也可以采用 A/B 路交叉供电方式。

第6节 体育馆建筑电气设计涉及
非强条的错误及解答

2.6.1 特级体育建筑内网络机房、消防和安防用电设备仅采用双电源末端互投供电，未设置不间断电源（UPS）。

结论：属于涉及违反一般性条文的问题。

依据：

（1）《体育建筑设计规范》JGJ 31—2003 第 1.0.7 条："体育建筑等级应根据其使用要求分级，且应符合表 1.0.7 规定。"

体育建筑等级　　　　　　　　　　　表 1.0.7

等级	主要使用要求
特级	举办亚运会、奥运会及世界级比赛主场
甲级	举办全国性和单项国际比赛
乙级	举办地区性和全国单项比赛
丙级	举办地方性、群众性运动会

（2）《体育建筑电气设计规范》JGJ 354—2014 第 3.2.1 条第 1 款表 3.2.1：

体育建筑负荷分级　　　　　　　　　表 3.2.1

体育建筑等级	负荷等级			
	一级负荷中特别重要的负荷	一级负荷	二级负荷	三级负荷
特级	A	B	C	D+其他
甲级	—	A	B	C+D+其他
乙级	—	—	A+B	C+D+其他
丙级	—	—	A+B	C+D+其他
其他	—	—	—	所有负荷

注：A包括主席台、贵宾室及其接待室、新闻发布厅等照明负荷，应急照明负荷，计时记分、现场影像采集及回放、升旗控制等系统及其机房用电负荷，网络机房、固定通信机房、扩声及广播机房等用电负荷，电台和电视转播设备，消防和安防用电设备等。

特级体育建筑内网络机房、消防和安防用电设备为一级负荷中特别重要负荷。

(3)《供配电系统设计规范》GB 50052—2009 第 3.0.3 条第 1 款（强制性条文）："一级负荷中特别重要的负荷供电，除应由双重电源供电外，尚应增设应急电源，并严禁将其他负荷接入应急供电系统。"

(4)《供配电系统设计规范》GB 50052—2009 第 3.0.5 条第 3 款："允许中断供电时间为毫秒级的供电，可选用蓄电池静止型不间断供电装置或柴油机不间断供电装置。"

(5)《体育建筑电气设计规范》JGJ 354—2014 第 3.3.4 条第 5 款："当柴油发电机组启动时间不能满足负荷对中断供电时间的要求时，可增设 UPS 电源装置与柴油发电机组相配合，且与自启动的柴油发电机组配合使用的 UPS 的供电时间不应少于 10min。"

建议：特级体育建筑中一级负荷中特别重要负荷，包括主席台、贵宾室及其接待室、新闻发布厅等照明负荷，应急照明负荷，计时记分、现场影像采集及回放、升旗控制等系统及其机房用电负荷，网络机房、固定通信机房、扩声及广播机房等用电负荷，电台和电视转播设备，消防和安防用电设备等，当柴油发电机组启动时间不能满足负荷对中断供电时间的要求时，可增设 UPS 电源装置。

2.6.2 集中控制型消防应急照明和疏散指示系统的配电线路和通信线路选用阻燃型线缆；地面上疏散标志灯的配电线路和通信线路未选用耐腐蚀橡胶线缆。详见体育馆应急照明和疏散指示系统平面图（图 2.6.2-1）和设计说明（图 2.6.2-2）。

图 2.6.2-1 错误图

```
┌─────────────────────────────────────────────────────┐
│         智能消防应急照明和疏散指示系统说明                      │
├─────────────────────────────────────────────────────┤
│ 1.本工程按采用中央电池供电控制型智能消防应急疏散照明指示灯e-bus系统。系     │
│  统由控制器、应急照明配电箱、A型灯具及通信模块等组成。                 │
│ 2.本系统的管线要求如下：                                    │
│ (1)安全电压类集中电源集中控制型标志灯/照明灯的电源线及通信线同管敷设、采用    │
│    {ZR-BV2×4+NH-RVSP2×1.0} 穿SC25钢管敷设                   │
│ (2)设备层的E-BUS线采用{ZR-RVSP2×1.5mm} 穿SC25钢管敷设           │
│    EG线采用{ZR-BV3×4mm(电源线+PE线)} 穿SC25钢管敷设            │
└─────────────────────────────────────────────────────┘
```

图 2.6.2-2　错误图

结论：属于违反一般性条文的问题。

依据：

（1）《消防应急照明和疏散指示系统技术标准》GB 51309—2018 第 3.5.4 条："集中控制型系统中，除地面上设置的灯具外，系统的配电线路应选择耐火线缆，系统的通信线路应选择耐火线缆或耐火光纤。"

（2）《消防应急照明和疏散指示系统技术标准》GB 51309—2018 第 3.5.3 条："地面上设置的标志灯的配电线路和通信线路应选择耐腐蚀橡胶线缆。"

建议：集中控制型系统中，除地面上设置的灯具外，系统的配电线路应选择耐火线缆，系统的通信线路应选择耐火线缆或耐火光纤。

地面上设置的标志灯的配电线路和通信线路应选择耐腐蚀橡胶线缆，是因为灯具设置在地面上时，地面上产生的积水，尤其是卫生清扫时产生的污水，极易侵蚀连接灯具的通信及供电线路，故对该类线路增加了耐腐蚀的性能要求。

第7节　游泳馆建筑电气设计涉及非强条的错误及解答

2.7.1　安装于水下的灯具采用 DC36V。

结论：属于违反一般性条款的问题。

依据:《建筑照明设计标准》GB 50034—2013 第 7.1.2 条:"安装在水下的灯具应采用安全特低电压供电,其交流电压值不应大于 12V,无纹波直流供电不应大于 30V。"

建议:安装于水下的灯具照明电压采用 DC36V 不满足规范要求。本条款与国际电工委员会(IEC)关于安全特低电压(SELV)的规定一致,游泳池、喷泉及其他水池内的照明设计要求,可查阅国家标准《低压电气装置第 7-702 部分:特殊装置或场所的要求 游泳池和喷泉》GB/T 16895.19—2017。

2.7.2 室内游泳馆消防应急灯具防护等级有误。

详见错误图 2.7.2-1,室内游泳馆游泳池两侧应急疏散照明灯具,防护等级为 IP34。

0.5m

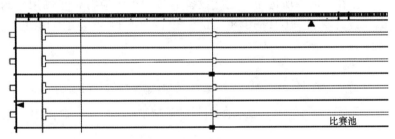

比赛池

图 2.7.2-1 错误图

结论:属于违反一般性条文的问题。

依据:

(1)《消防应急照明和疏散指示系统技术标准》GB 51309—2018 第 3.2.1 条第 7 款:"灯具及其连接附件的防护等级应符合下列规定:

1)在室外或地面上设置时,防护等级不应低于 IP67;

2)在隧道场所、潮湿场所内设置时,防护等级不应低于 IP65。"

(2)《民用建筑电气设计标准》GB 51348—2019 第 12.10.11

条："游泳池和喷水池的安全防护应根据所在区域，采取相应的安全防护措施。游泳池区域的划分应符合本标准附录 D 和附录 E 的规定，在各区内所选用的电气设备的防护等级应符合表 12.10.11 的规定。"

游泳池各区的电气设备最低防护等级（IP）   表 12.10.11

区域	户外采用喷水进行清洗	户外不用喷水进行清洗	户内采用喷水进行清洗	户内不用喷水进行清洗
0	IPX5/IPX8	IPX8	IPX5/IPX8	IPX8
1	IPX5	IPX4	IPX5	IPX4
2	IPX5	IPX4	IPX5	IPX2

建议：安装在室内游泳馆游泳池等潮湿场所的消防应急灯具，应按 GB 51309—2018 第 3.2.1 条第 7 款规定，防护等级不应低于 IP65。在各区内所选用的电气设备的防护等级应符合《民用建筑电气设计标准》GB 51348—2019 第 12.10.11 条表 12.10.11 的规定。

第8节 体育场建筑电气设计涉及非强条的错误及解答

2.8.1 室外灯具和景观照明灯具及户外摄像机柜电源配电回路未设置剩余电流动作保护。详见错误图 2.8.1-1。

结论：属于涉及违反一般性条文的问题。

依据：

（1）《民用建筑电气设计标准》GB 51348—2019 第 7.5.5 条："剩余电流保护器的设置应符合下列规定：

5 下列设备的配电线路应设置额定剩余动作电流值不大于 30mA 的剩余电流保护器：

1）手持式及移动式用电设备；

2）人体可能无法及时摆脱的固定式设备；

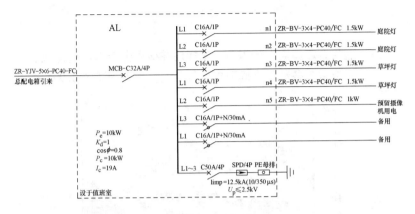

图 2.8.1-1　错误图

3）室外工作场所的用电设备；

4）家用电器回路或插座回路。"

（2）《民用建筑电气设计标准》GB 51348—2019 第 10.7.4 条："景观照明的供电与控制应符合下列规定：

4 采用Ⅰ类灯具的室外分支线路应装设剩余电流动作保护器。"

建议：室外灯具和景观照明灯具、户外摄像机柜电源配电回路应设置剩余电流动作保护。详见正确图 2.8.1-2。

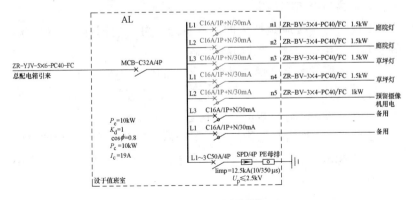

图 2.8.1-2　正确图

第9节 博物馆建筑电气设计涉及非强条的错误及解答

2.9.1 利用金属屋面做接闪器，未标注并核实金属屋面的厚度，也未要求其各部件之间形成电气贯通，详见错误图 2.9.1-1。

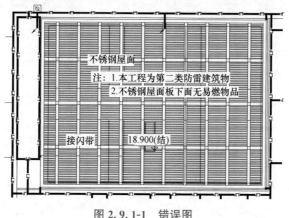

图 2.9.1-1 错误图

结论：属于违反一般性条文的问题。

依据：《建筑物防雷设计规范》GB 50057—2010 第 5.2.7 条："除第一类防雷建筑物外，金属屋面的建筑物宜利用其屋面作为接闪器，并应符合下列规定：

1 板间的连接应是持久的电气贯通，可采用铜锌合金焊、熔焊、卷边压接、缝接、螺钉或螺栓连接。

2 金属板下面无易燃物品时，铅板的厚度不应小于 2mm，不锈钢、热镀锌钢、钛和铜板的厚度不应小于 0.5mm，铝板的厚度不应小于 0.65mm，锌板的厚度不应小于 0.7mm。

3 金属板下面有易燃物品时，不锈钢、热镀锌钢和钛板的厚度不应小于 4mm，铜板的厚度不应小于 5mm，铝板的厚度不应小于 7mm。

4 金属板应无绝缘被覆层。

注：薄的油漆保护层或 1mm 厚沥青层或 0.5mm 厚聚氯乙烯层均不应属于绝缘被覆层。"

建议：利用金属屋面做接闪器，应按《建筑物防雷设计规范》GB 50057—2010 第 5.2.7 条规定，依据金属屋面下方有无易燃物品和金属屋面材质，核实金属屋面的厚度，明确板间的连接要求或援引现行国家标准图集。详见正确图 2.9.1-2。

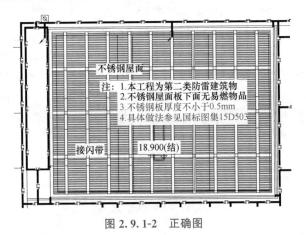

图 2.9.1-2   正确图

注意，当金属屋面板采用彩钢板时，其防腐处理方法可能导致无法满足防雷装置的连接要求，在此情况下，应将屋面的金属屋架、檩条等作为防雷接闪器使用，而彩钢板可视做接闪器的保护层（类似接闪器暗敷），整个建筑物处于钢柱、金属屋架、檩条构成的法拉第笼中。当彩钢屋面遭受直接雷击时有可能被击穿，而整个建筑物处于法拉第笼中得到防雷保护，只要及时更换彩钢板即可。

2.9.2 绘画展厅灯具的色温为 6000K，光源一般显色指数（Ra）不低于 80。

结论：属于违反一般性条文的问题。

依据：

（1）《博物馆建筑设计规范》JGJ 66—2015 第 8.2.8 条："一般展品展厅直接照明光源的色温应小于 5300K；对光线敏感展品展厅直接照明光源的色温应小于 3300K。"

（2）《博物馆建筑设计规范》JGJ 66—2015 第 8.2.9 条："在陈列绘画、彩色织物以及其他多色展品等对辨色要求高的场所，光源一般显色指数（Ra）不应低于 90；对辨色要求不高的场所，光源一般显色指数（Ra）不应低于 80。"

（3）《建筑照明设计标准》GB 50034—2013 第 5.3.8 条第 3 款表 5.3.8-3 附注 3："博物馆建筑陈列室一般场所 Ra 不应低于 80，辨色要求高的场所，Ra 不应低于 90。"

建议：博物馆绘画展厅灯具选择应满足《博物馆建筑设计规范》JGJ 66—2015 和《建筑照明设计标准》GB 50034—2013 相关条文规定，绘画展厅以及其他多色展品等对辨色要求高的场所展品照明要有良好的显色性，才能获得好的观赏效果。建议绘画展厅直接照明光源的色温应小于 3300K，光源一般显色指数（Ra）不应低于 90。

第 10 节　综合体建筑电气设计涉及非强条的错误及解答

2.10.1　高度大于 12m 的中庭采用点型感烟探测器。

结论：属于违反一般性条文的问题。

依据：《火灾自动报警系统设计规范》GB 50116—2013 第 5.2.1 条："对不同高度的房间，可按表 5.2.1 选择点型火灾探测器。"

对不同高度的房间点型火灾探测器的选择　表 5.2.1

房间高度 h（m）	点型感烟火灾探测器	点型感温火灾探测器			火焰探测器
		A1、A2	B	C、D、E、F、G	
12<h≤20	不适合	不适合	不适合	不适合	适合
8<h≤12	适合	不适合	不适合	不适合	适合
6<h≤8	适合	适合	不适合	不适合	适合
4<h≤6	适合	适合	适合	不适合	适合
h≤4	适合	适合	适合	适合	适合

《火灾自动报警系统设计规范》GB 50116—2013 第 12.4.1 条："高度大于 12m 的空间场所宜同时选择两种及以上火灾参数的火灾探测器。"

《火灾自动报警系统设计规范》GB 50116—2013 第 12.4.2 条："火灾初期产生大量烟的场所，应选择线型光束感烟火灾探测器、管路吸气式感烟火灾探测器或图像型感烟火灾探测器。"

《火灾自动报警系统设计规范》GB 50116—2013 第 12.4.5 条："火灾初期产生少量烟并产生明显火焰的场所，应选择 1 级灵敏度的点型红外火焰探测器或图像型火焰探测器，并应降低探测器设置高度。"

建议：根据上述规范，高度大于 12m 的中庭采用点型感烟探测器不可行。

考虑到建筑高度超过 12m 的高大空间场所建筑结构的特点及在发生火灾时火源位置、类型、功率等因素的不确定性，在设置线型光束感烟火灾探测器时，除按原规范规定设置在建筑顶部外，还应在下部空间增设探测器，采用分层组网的探测方式。火灾实体试验结果表明，对于建筑内初起的阴燃火，在建筑高度不超过 16m 时，烟气在 6～7m 处开始出现分层现象，因此要求在 6～7m 处增设探测器以对火灾做出快速响应；在建筑高度超过 16m 但不超过 26m 时，烟气在 6～7m 处开始出现第一次分层现象，上升至 11～12m 处开始出现第二次分层现象；在开窗或通风空调形成对流层时，烟气会在该对流层下 1m 左右产生横向扩散，因此在设计中应综合考虑烟气分层高度和对流层高度。

建筑高度大于 16m 的场所，一些阴燃火很难快速上升到屋顶位置，下垂管在 16m 以下的采样孔会比水平管更快地探测到火灾。开窗或通风空调对流层影响烟雾的向上运动，使其不能上升到屋顶位置，下垂管的采样孔宜有 2 个采样孔设置在开窗或通风空调对流层下面 1m 处，在回风口处设置起辅助报警作用的采样孔，有利于火灾的早期探测。

第11节　商业建筑电气设计涉及
非强条的错误及解答

2.11.1 大型商店建筑的经营管理用计算机系统，未按一级负荷中的特别重要负荷供电。

结论：属于违反一般性条文的问题。

依据：按照《商店建筑设计规范》JGJ 48—2014 第 7.3.1 条："商店建筑的用电负荷应根据建筑规模、使用性质和中断供电所造成的影响和损失程度等进行分级，并应符合下列规定：

1 大型商店建筑的经营管理用计算机系统用电应为一级负荷中的特别重要负荷，营业厅的备用照明用电应为一级负荷，营业厅的照明、自动扶梯、空调用电应为二级负荷。"

由此可见，大型商店建筑的经营管理用计算机系统的供电可靠性要求较高，应严格按照规范设计其供电系统。

《供配电系统设计规范》GB 50052—2009 第 3.0.3 条第 1 款（强制性条文）："一级负荷中特别重要的负荷供电，除应由双重电源供电外，尚应增设应急电源，并严禁将其他负荷接入应急供电系统。"

《供配电系统设计规范》GB 50052—2009 第 3.0.5 条第 3 款："允许中断供电时间为毫秒级的供电，可选用蓄电池静止型不间断供电装置或柴油机不间断供电装置。"

建议：在建筑已有的供电电源的基础上增设 UPS 主机和电池柜组成应急供电系统，为大型商店建筑的经营管理用计算机系统供电。

2.11.2 有顶棚的步行街两侧建筑的商铺内外未设置疏散照明、灯光疏散指示标志和消防应急广播系统，地面最低水平照度不满足规范要求。详见错误图 2.11.2-1。

结论：属于违反一般性条文的问题。

依据：《建筑设计防火规范（2018 年版）》GB 50016—2014 第 5.3.6 条第 9 款："餐饮、商店等商业设施通过有顶棚的步行街

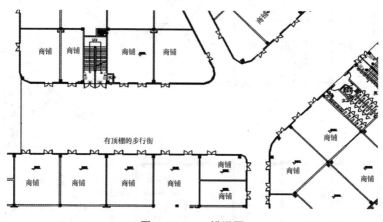

图 2.11.2-1　错误图

连接，且步行街两侧的建筑需利用步行街进行安全疏散时，应符合下列规定：

9 步行街两侧建筑的商铺内外均应设置疏散照明、灯光疏散指示标志和消防应急广播系统。"

《消防应急照明和疏散指示系统技术标准》GB 51309—2018第 3.2.5 条："照明灯应采用多点、均匀布置方式，建、构筑物设置照明灯的部位或场所疏散路径地面水平最低照度应符合表 3.2.5的规定。"

照明灯的部位或场所及其地面水平最低照度表（节选）

表 3.2.5

设置部位或场所	地面水平最低照度
Ⅲ-4. 室内步行街两侧的商铺	不应低于 3.0lx
Ⅳ-2. 室内步行街	不应低于 1.0lx

建议：有顶棚的步行街两侧的商铺内外均应设置疏散照明、灯光疏散指示标志和消防应急广播系统。商铺内地面水平最低照度值不应低于 3lx，商铺外的步行街地面水平最低照度值不应低于 1lx。详见正确图 2.11.2-2。

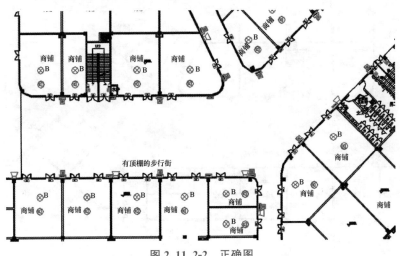

图 2.11.2-2　正确图

2.11.3　大于 500m² 的地下商店，未在疏散走道和主要疏散路径的地面上增设保持视觉连续的疏散指示标志。详见错误图 2.11.3-1。

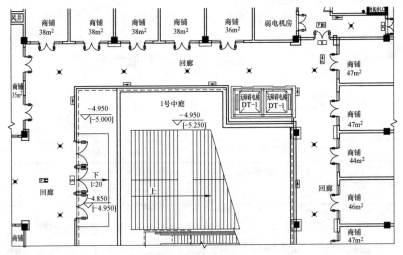

图 2.11.3-1　错误图

结论：属于违反一般性条文的问题。

依据:《建筑设计防火规范（2018 年版）》GB 50016—2014
第 10.3.6 条:"下列建筑或场所应在疏散走道和主要疏散路径的地
面上增设能保持视觉连续的灯光疏散指示标志或蓄光疏散指示
标志:

　　2 总建筑面积大于 5000m^2 的地上商店;

　　3 总建筑面积大于 500m^2 的地下或半地下商店;

　　4 歌舞娱乐放映游艺场所。"

建议:符合《建筑设计防火规范（2018 年版）》GB 50016—
2014 第 10.3.6 条规定的商店、歌舞娱乐放映游艺场所除设置距地
面不低于 1m 的疏散指示标志灯外,在地面上还应增设保持视觉连
续的疏散指示标志,以利于场内人员更好地识别疏散位置和方向,
缩短到达安全出口的时间,快速安全疏散。保持视觉连续的方向标
志灯应设置在疏散走道、疏散通道地面的中心位置,灯具的设置间
距不应大于 3m,防护等级不应低于 IP67,尚应满足《消防应急照
明和疏散指示系统技术标准》GB 51309—2018 第 4.5.11 条第 6 款
规定。详见正确图 2.11.3-2。

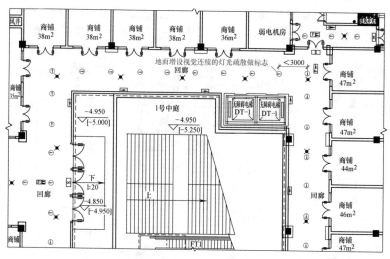

图 2.11.3-2　正确图

2.11.4 配电干线穿越不同商铺。详见错误图 2.11.4-1。

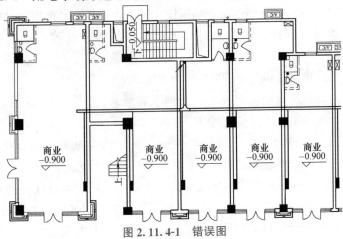

图 2.11.4-1 错误图

结论：属于违反一般性条文的问题。

依据：《商店建筑电气设计规范》JGJ 392—2016 第 4.2.6 条："配电干线（管）应设置在建筑的公共空间内，不应穿越不同商铺。"该条条文说明指出："根据零售业态经营者的产权界定，配电干线不应穿越商铺，也便于对配电设备和线路的维护改造。"

建议：将穿越商铺的配电干线移至建筑的公共空间敷设，或者经地下室公共区域敷设，如正确图 2.11.4-2 所示。对于无地下室

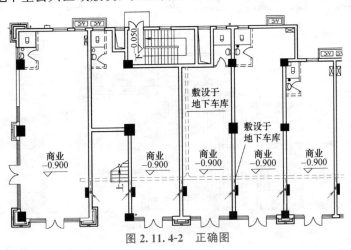

图 2.11.4-2 正确图

的首层商铺建议采取室外设孔井的布线方式。

第12节　办公建筑电气设计涉及
非强条的错误及解答

2.12.1　建筑面积超过 400m² 的办公大厅仅设置疏散指示标志，未设疏散照明灯，不能满足疏散路径地面水平最低照度要求。详见错误图 2.12.1-1，某办公楼标准层办公大厅应急照明平面图。

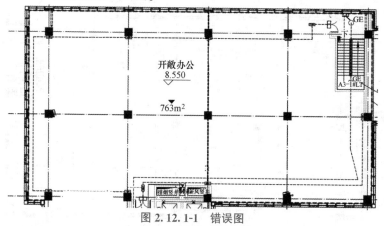

图 2.12.1-1　错误图

结论：属于违反一般性条文的问题。

依据：

（1）《消防应急照明和疏散指示系统技术标准》GB 51309—2018 第 3.2.5 条："照明灯应采用多点、均匀布置方式，建、构筑物设置照明灯的部位或场所疏散路径地面水平最低照度应符合表3.2.5 的规定。"

照明灯的部位或场所及其地面水平最低照度表（节选）　表 3.2.5

设置部位或场所	地面水平最低照度
观众厅，展览厅，电影院，多功能厅	不应低于 3.0lx
Ⅲ-2.　建筑面积大于 200m² 的营业厅、餐厅、演播厅	
建筑面积超过 400m² 的办公大厅、会议室等人员密集场所	

（2）《消防应急照明和疏散指示系统技术标准》GB 51309—2018 第 3.2.8 条：

"出口标志灯的设置应符合下列规定：

11 应设置在观众厅、展览厅、多功能厅和建筑面积大于400m² 的营业厅、餐厅、演播厅等人员密集场所疏散门的上方。"

建议：建筑面积超过 400m² 的办公大厅、会议室等人员密集场所，除了在疏散门上方设置出口标志灯，室内设置方向标志灯外，尚应设置疏散照明灯具，以满足疏散路径地面水平最低照度不低于 3.0lx 规定。详见正确图 2.12.1-2。

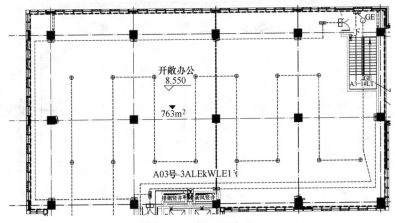

图 2.12.1-2　正确图

第 13 节　剧院建筑电气设计涉及
非强条的错误及解答

2.13.1　主舞台区四个角设置的三相回路专用电源采用 4+1 电缆，舞台机械设备的变频传动装置采用 3+2 电缆。

结论：属于违反一般性条文的问题。

依据：

（1）《剧场建筑设计规范》JGJ 57—2016 第 10.3.20 条："主舞台区四个角应设中性线截面积不小于相线截面积两倍的三相回路

专用电源，且其电源容量应符合下列规定：

　　1 甲等剧场在主舞台后角电源不得小于三相 250A，在主舞台前角电源不得小于三相 63A。

　　2 乙等剧场在主舞台后角电源不得小于三相 180A，在主舞台前角不得小于三相 50A。"

　　（2）《剧场建筑设计规范》JGJ 57—2016 第 10.3.23 条："剧场应采取抑制高次谐波对其他系统产生干扰的措施，并应符合下列规定：

　　2 舞台机械设备的变频传动装置应采取抑制谐波措施，其配电回路中性线截面不应小于相线截面。"

　　建议：在现代演出剧目中都会在主舞台加装很多临时演出设备，为了便于加装临时设备需预留电源，即主舞台区四个角设置的三相回路专用电源。按《剧场建筑设计规范》JGJ 57—2016 第 10.3.20 条规定，预留的三相专用电源回路中性线截面积不小于相线截面积的两倍，因此不应采用 4＋1 电缆；舞台可控硅（晶闸管）调光装置和舞台机械变频装置工作时，将产生很大的谐波，对声像设备及电控设备产生很大干扰，必须抑制谐波和减少谐波的影响。因此舞台机械设备的变频传动装置应采用 4＋1 电缆而非 3＋2 电缆，满足配电回路中性线截面不应小于相线截面的规定。

2.13.2　剧场化妆室台灯照明采用 220V 电压供电。

　　结论：属于违反一般性条文的问题。

　　依据：

　　（1）《剧场建筑设计规范》JGJ 57—2016 第 10.3.5 条："乐池内谱架灯、化妆室台灯照明、观众厅座位排号灯等的电源电压，应采用特低电压供电。"

　　（2）《民用建筑电气设计标准》GB 51348—2019 第 9.5.4 条："乐池内谱架灯和观众厅座位排号灯宜采用 24V 及以下电压供电，光源可采用 24V 的半导体发光照明装置（LED）。当采用 220V 供电时，供电回路应增设剩余电流动作保护器。"

　　建议：乐池局部照明、化妆室局部照明、观众厅座位排号灯，均系人们易接触的电气设备，采用特低电压配电，可避免触电事故的发生，保障人身安全。

　　实际工程中观众厅座位排号灯设计一般都满足要求，而化妆室台灯容易被忽略，误采用220V电压供电。众所周知，化妆室台灯安装高度一般为1.0～2.0m，属于人体的伸臂范围，因此，也应按照《剧场建筑设计规范》JGJ 57—2016第10.3.5条规定，采用特低电压供电。

第14节　数据中心建筑电气设计涉及非强条的错误及解答

2.14.1 灭火系统的控制箱设于其保护的机房内，且未设防止误操作的保护装置。详见错误图2.14.1-1。

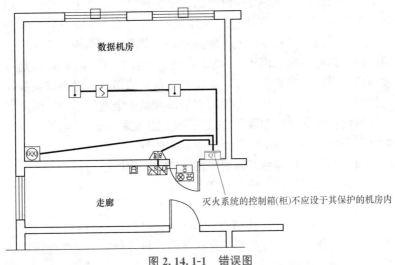

图2.14.1-1　错误图

结论：属于违反一般性条文的问题。

依据：

《数据中心设计规范》GB 50174—2017第13.3.3条："采用全淹没式灭火的区域应设置火灾警报装置，防护区外门口上方应设置灭火显示灯。灭火系统的控制箱（柜）应设置在房间外便于操作的地方，并应有保护装置防止误操作。"

建议：灭火系统的控制箱（柜）应设置在机房外便于操作的地方，且应有保护装置防止误操作。详见正确图2.14.1-2。

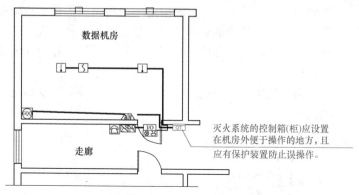

图 2.14.1-2　正确图

2.14.2　设置气体灭火控制系统操作装置处未设消防专用电话。详见错误图 2.14.2-1。

图 2.14.2-1　错误图

结论：属于违反一般性条文的问题。

依据：《火灾自动报警系统设计规范》GB 50116—2013 第 6.7.4 条："电话分机或电话插孔的设置，应符合下列规定：消防水泵房、发电机房、配变电室、计算机网络机房、主要通风和空调机房、防排烟机房、灭火控制系统操作装置处或控制室、企业消防站、消防值班室、总调度室、消防电梯机房及其他与消防联动控制有关的且经常有人值班的机房应设置消防专用电话分机。消防专用电话分机，应固定安装在明显且便于使用的部位，并应有区别于普通电话的标识。"

建议：设置气体灭火控制系统操作装置处应设消防专用电话分机，详见正确图 2.14.2-2。

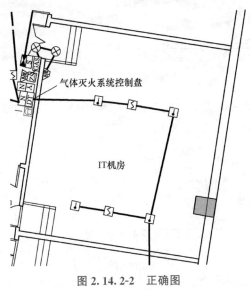

图 2.14.2-2　正确图

第 15 节　医院建筑电气设计涉及非强条的错误及解答

2.15.1 医院柴油发电机组供电时间和储油量未明确。详见错误图 2.15.1-1。

结论：属于违反一般性条文的问题。

依据：《医疗建筑设计规范》JGJ 312—2013 第 4.4.5 条："柴油发电机组的选择应符合下列规定：

1 对于柴油发电机组的供油时间，三级医院应大于 24h，二级医院宜大于 12h，二级以下医院宜大于 3h；"

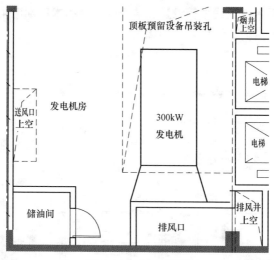

图 2.15.1-1　错误图

建议：按医院等级明确柴油发电机储油量，详见正确图 2.15.1-2。

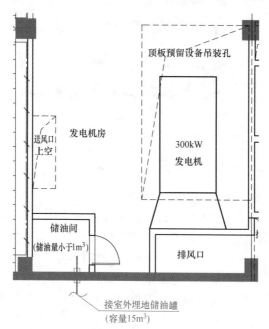

图 2.15.1-2　正确图

2.15.2 手术室进线总箱设置在洁净区内，手术室配电箱设置在手术室内。详见错误图2.15.2-1。

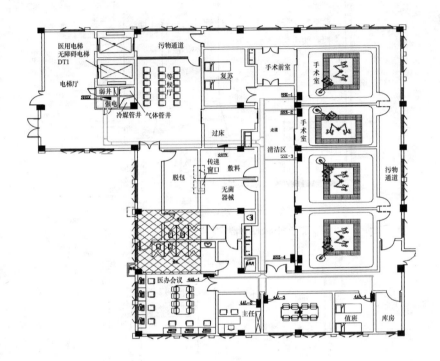

图 2.15.2-1 错误图

结论：属于违反一般性条文的问题。

依据：《医院洁净手术部建筑技术规范》GB 50333—2013第11.2.3条："洁净手术部的总配电柜应设于非洁净区内。每个手术室应设置独立的专用配电箱（柜），箱门不应开向手术内。"

建议：洁净手术部的总配电箱宜设置在竖井、配电间或值班室内，此竖井、配电间或值班室应设置在非洁净区内；为了保证各手术室运行独立，相对安全，每个手术室应在通道上设置专用的配电箱，箱门开向通道侧。详见正确图2.15.2-2。

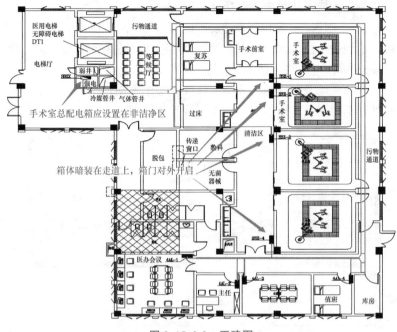

图 2.15.2-2　正确图

2.15.3 诊疗设备配电箱设置在射线防护墙上。详见错误图 **2.15.3-1**。

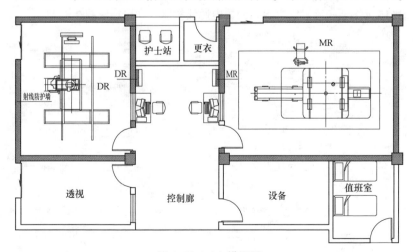

图 2.15.3-1　错误图

结论：属于违反一般性条文的问题。

依据：《医疗建筑电气设计规范》JGJ 312—2013 第 6.1.6 条："医用 X 射线设备、医用高能射线、医用核素等涉及射线防护安全的诊疗设备配电箱，应设置在便于操作处，不得安装在射线防护墙上。"

建议：涉及射线防护安全的诊疗设备配电箱，应设置在便于操作处，不得安装在射线防护墙上。详见正确图 2.15.3-2。

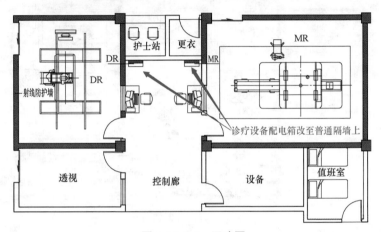

图 2.15.3-2　正确图

2.15.4　洁净手术室电源未设置电涌保护器。详见错误图 2.15.4-1。

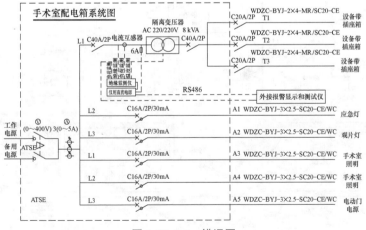

图 2.15.4-1　错误图

结论：属于违反一般性条文的问题。

依据：《医院洁净手术部建筑技术规范》GB 50333—2013第 11.2.15 条："洁净手术室电源应加装电涌保护器。"

建议：洁净手术室配电箱内应设置Ⅱ级试验的电涌保护器，以防止雷击时产生的浪涌。详见正确图 2.15.4-2。

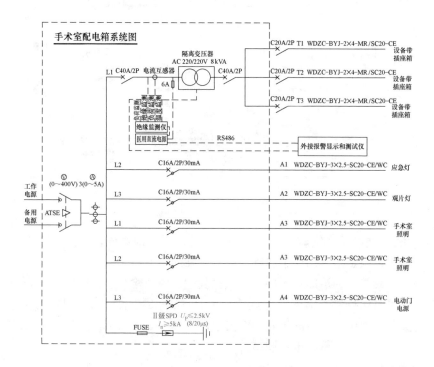

图 2.15.4-2　正确图

2.15.5　在 1 类及 2 类医疗场所未采取局部等电位联结措施。详见错误图 2.15.5-1。

结论：属于违反一般性条文的问题。

依据：《医疗建筑电气设计规范》JGJ 312—2013 第 9.3.3 条："在 1 类及 2 类医疗场所的患者区域内，应做局部等电位联结。"

《医院洁净手术部建筑技术规范》GB 50333—2013 第 11.2.14

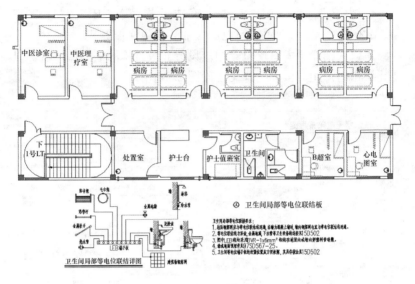

图 2.15.5-1　错误图

条："洁净手术室应设置可靠的辅助等电位接地系统，装修钢结构体及进入手术室内的金属管等应有良好的接地。"

　　建议：在洁净手术部、急救抢救室、内镜检查室、影像科、病房等《医疗建筑电气设计规范》JGJ 312—2013 表 3.0.2 规定的 1 类及 2 类医疗场所的患者区域内应做局部等电位联结，并应将下列设备及导体进行等电位联结：

　　1　PE 线；

　　2　外露可导电部分；

　　3　安装了抗电磁干扰场的屏蔽物；

　　4　防静电地板下的金属物；

　　5　隔离变压器的金属屏蔽层；

　　6　除设备要求与地绝缘外，固定安装的、可导电的非电气装置的患者支撑物。

　　具体做法做法见图集《医疗建筑电气设计与安装》19D706-2 第 84～86 页。详见正确图 2.15.5-2。

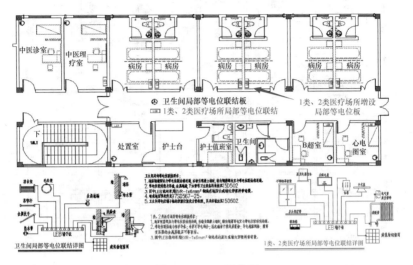

图 2.15.5-2　正确图

第 16 节　酒店建筑电气设计涉及
非强条的错误及解答

2.16.1　五星级酒店客房未设置应急照明。详见错误图 2.16.1-1。

结论：属于违反一般性条文的问题。

依据：《旅馆建筑设计规范》JGJ 62—2014 第 6.3.3 条第 2 款：
"四级及以上旅馆建筑的每间客房至少应由一盏灯接入应急供电回路。"

《消防应急照明和疏散指示系统技术标准》GB 51309—2018
第 3.2.5 条表 3.2.5。

照明灯的部位或场所及其地面水平最低照度表（节选）　表 3.2.5

设置部位或场所	地面水平最低照度
Ⅳ-4. 宾馆、酒店的客房	不应低于 1.0lx

建议：在每间客房入口门廊处设置一盏应急照明灯，由本防火

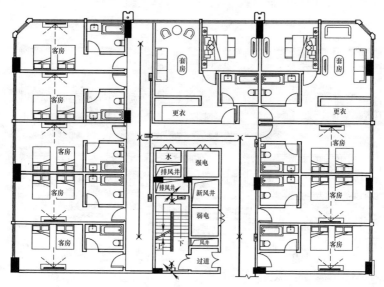

图 2.16.1-1　错误图

分区应急照明箱提供专用回路供电。地面水平最低照度不低于
1.0lx。详见正确图 2.16.1-2。

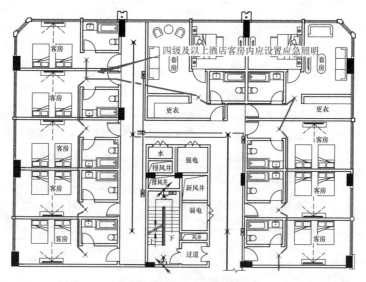

图 2.16.1-2　正确图

2.16.2　宾馆、饭店未设区域显示器。详见错误图 2.16.2-1。

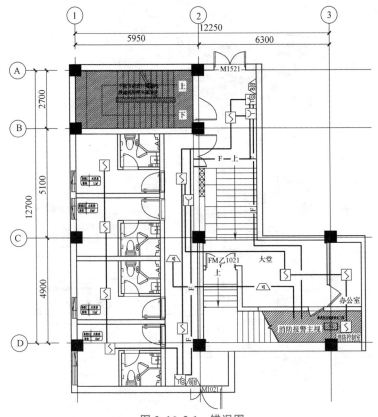

图 2.16.2-1　错误图

结论：属于违反一般性条文的问题。

依据：《火灾自动报警系统设计规范》GB 50116—2013 第 6.4.1
条："每个报警区域宜设置一台区域显示器（火灾显示盘）；宾馆、饭
店等场所应在每个报警区域设置一台区域显示器。当一个报警区域
包括多个楼层时，宜在每个楼层设置一台仅显示本楼层的区域显
示器。"

建议：在宾馆、饭店等酒店建筑中，每个报警区域应设置一台区
域显示器（火灾显示盘）。当一个报警区域包括多个楼层时，宜在每个
楼层设置一台仅显示本楼层的区域显示器。详见正确图 2.16.2-2。

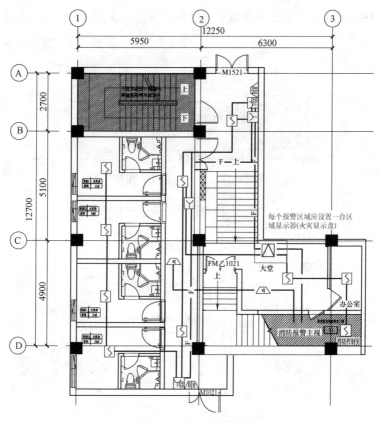

图 2.16.2-2　正确图

第 17 节　会展建筑电气设计涉及
非强条的错误及解答

2.17.1　**总建筑面积大于 8000m² 的展览建筑，其内疏散通道和主
要疏散路径的地面上未设保持视觉连续的方向标志灯。**

结论：属于违反一般性条文的问题。

依据：

（1）《建筑设计防火规范（2018 年版）》GB 50016—2014
第 10.3.6 条："下列建筑或场所应在疏散走道和主要疏散路径的地

面上增设能保持视觉连续的灯光疏散指示标志或蓄光疏散指示标志：

1 总建筑面积大于8000m^{2}的展览建筑。"

（2）《消防应急照明和疏散指示系统技术标准》GB 51309—2018第3.2.9条："方向标志灯的设置应符合下列规定：

3 保持视觉连续的方向标志灯应符合下列规定：

1）应设置在疏散走道、疏散通道地面的中心位置；

2）灯具的设置间距不应大于3m。"

（3）《消防应急照明和疏散指示系统技术标准》GB 51309—2018第3.2.1条："灯具及其连接附件的防护等级应符合下列规定：

1）在室外或地面上设置时，防护等级不应低于IP67。"

建议：总建筑面积大于8000m^{2}的展览建筑，除设置距地面不低于1m的方向标志灯外，地面上还应增设保持视觉连续的疏散指示标志，以利于场内人员更好地识别疏散位置和方向，缩短到达安全出口的时间，快速安全疏散。保持视觉连续的方向标志灯应设置在疏散走道、疏散通道地面的中心位置，灯具的设置间距不应大于3m，防护等级不应低于IP67，尚应满足《消防应急照明和疏散指示系统技术标准》GB 51309—2018第4.5.11条第6款规定。详见正确图2.17.1。

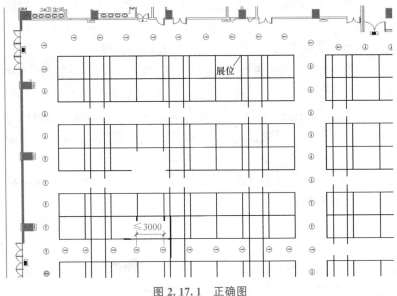

图 2.17.1 正确图

第 18 节 援外建筑电气设计涉及 非强条的错误及解答

2.18.1 援外建筑设计机械照搬中国规范和标准，未注重与受援国 当地实际相结合。

结论：属于涉及《新形势下对外援助成套项目设计指导原则》 的问题。

依据：商援外司函【2012】1354 号《新形势下对外援助成套 项目设计指导原则》第一条：规范适用原则。

建议：关于规范适用原则，商援外司函【2012】1354 号《新 形势下对外援助成套项目设计指导原则》第一条已明确：

在援外成套项目的设计规范和标准设定方面，继续坚持以中国 工程建设规范和标准为基础，带动中国规范和标准"走出去"，同 时，必须更加注重与受援国当地实际相结合。

中国规范和标准中明显脱离受援国社会经济发展水平的超前技 术要求以及其他涉及舒适性及经济性内容（包括强制性条文）仅供 优先选择，不宜强制推行；与当地市政配套的设计（包括供水、供 电、电信、消防等），与当地自然条件相结合的设计（如防水、防 侵蚀等），涉及当地建设法规、职业安全和环境保护等强制性要求 的设计，应当切实尊重受援国意愿，在充分考察调研的基础上优先 选用当地通用规范或习惯做法。设计单位违反上述原则，机械照搬 中国规范和标准，造成设计缺陷和工程质量问题的，须承担相应的 设计质量责任。

2.18.2 援外建筑主要技术设备选型，未充分考虑受援国日常维护 保养和定期大修的可行性、便利性。

结论：属于涉及《新形势下对外援助成套项目设计指导原则》 的问题。

依据：商援外司函【2012】1354 号《新形势下对外援助成套 项目设计指导原则》第七条：设备选型原则。

建议：关于设备选型原则，商援外司函【2012】1354 号《新形势下对外援助成套项目设计指导原则》第七条已明确：

在援外成套项目大型技术设备的选型方面，要充分考虑受援国长期承担日常维护保养和定期大修的可行性、便利性，在优先保障受援国当地具备基本售后服务条件的前提下进行具体设备选型。除中方纳入援外战略规划予以主动推动的重大技术装备出口外，特别要强调：不应脱离受援国当地的实际维护保养条件盲目选用国产设备。设计单位违反上述原则，盲目进行技术设备选型，导致设备在合理使用期内因无法得到保养维护而闲置甚至报废的，须承担相应的设计质量责任。

2.18.3　援外建筑产品选型未考虑电气产品强制认证问题。

结论：属于涉及《新形势下对外援助成套项目设计指导原则》的问题。

依据：商援外司函【2012】1354 号《新形势下对外援助成套项目设计指导原则》第七条：设备选型原则。

建议：我国强制性产品认证又称 CCC 认证，是为了保护国家安全、保护人体健康或安全、保护动植物生命或健康、保护环境等目的而设立的市场准入制度。强制性产品认证，必须经过国家认监委指定认证机构的认证，通过实施强制性产品认证程序，对列入强制性认证产品目录中的产品实施强制性的检测和审核。凡列入强制性产品认证目录内的产品，没有获得指定认证机构的认证证书，没有按规定加施认证标志，一律不得进口、不得出厂销售和在经营服务场所使用。

同样，海外项目也会面对强制性产品认证和市场准入问题。因此基础设计资料调研时，应关注项目所在国对于电气产品强制性认证的要求，确保设备选型后满足当地市场准入制度。

2.18.4　援外建筑未重视气象及自然环境条件资料的搜集。湿热带地区 10kV 设备未采用湿热型电器产品。详见错误图 2.18.4-1。

结论：属于违反一般性条文的问题。

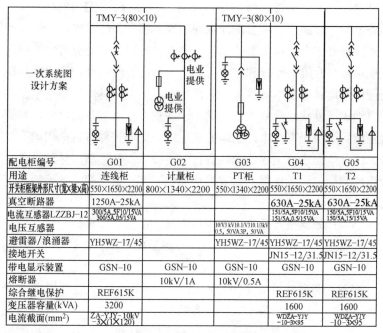

一次系统图设计方案	TMY-3(80×10)		TMY-3(80×10)		
配电柜编号	G01	G02	G03	G04	G05
用途	连线柜	计量柜	PT柜	T1	T2
开关柜框架外形尺寸(宽X深x高)	550×1650×2200	800×1340×2200	550×1340×2200	550×1650×2200	550×1650×2200
真空断路器	1250A-25kA			630A-25kA	630A-25kA
电流互感器LZZBJ-12	300/5A,5P10/15VA 300/5A,0.5/15VA			151/5A,5P10/15VA 151/5A,0.5/15VA	150/5A,5P10/15VA 150/5A,15/15VA
电压互感器			10/√3 kV10.1/√310.1/3kV 0.5，50VA/3P，50VA		
避雷器/浪涌器	YH5WZ-17/45		YH5WZ-17/45	YH5WZ-17/45	YH5WZ-17/45
接地开关				JN15-12/31.5	JN15-12/31.5
带电显示装置	GSN-10	GSN-10	GSN-10	GSN-10	GSN-10
熔断器		10kV/1A	10kV/0.5A		
综合继电保护	REF615K			REF615K	REF615K
变压器容量(kVA)	3200			1600	1600
电流截面(mm²)	ZA-YJY-10kV -3×(1×120)			WDZA-YJY -10-3×95	WDZA-YJY -10-3×95

高压系统设计说明:

1.10kV配电柜采用金属铠装移开式中置断路器柜。
2.高压系统采用上进上出的方式,高压系统方案以供电局审定为准。
3.设备供货方应按我国标准向使用方提供各相关图纸资料和备件。
4.开关柜应能够满足GB 3908/DL 404/DEC 298等专业要求,应满足"五防"功能。
5.开关柜所有一次元件必须满足系统短路电流为25kA条件下的动、热稳定要求,技术参数必须符合国家规范及DEC标准。
6.系统操作电源DC220V,直流屏随高压柜配套。
7.所有继电保护装置均采用带通信接口的微机综合保护装置。

图2.18.4-1 错误图

依据:《3～110kV高压配电装置设计规范》第3.0.3条:"导体和电器的环境相对湿度,应采用当地湿度最高月份的平均相对湿度。在湿热带地区应采用湿热带型电器产品。在亚湿热带地区可采用普通电器产品,但应根据当地运行经验采取防护措施。"

建议:援外工程在设计基础资料调研阶段,应格外重视气象及自然环境条件资料的搜集。参照《工业与民用供配电设计手册》第4版,气象资料包括海拔高度、年平均雷暴日数及雷电活动情况、风速、洪水水位、年最高最低温湿度、月平均温湿度等;自然环境条件包括地区抗震设防烈度、风沙灰尘、盐雾腐蚀、虫害（白蚁、鼠类）、地质条件（膨胀土、湿陷土、土壤电阻率、冻土深度）等。我国的湿热带地区包括广东省的雷州半岛、云南省的西双版纳地区、台湾南端和海南省等地，湿热带地区采用普通高压电器，因产品受潮、长霉、虫害、锈蚀严重等引起的故障较多，因此这些地区的高压系统设计中应注明选用湿热带型高压电器。详见正确图 2.18.4-2。

一次系统图设计方案	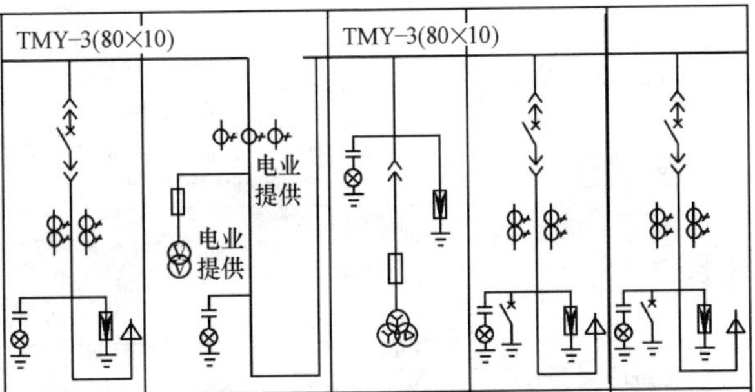 TMY-3(80×10)		TMY-3(80×10)		
配电柜编号	G01	G02	G03	G04	G05
用途	连线柜	计量柜	PT柜	T1	T2
开关柜框架外形尺寸(宽X深x高)	550×1650×2200	800×1340×2200	550×1340×2200	550×1650×2200	550×1650×2200
真空断路器	1250A-25kA			630A-25kA	630A-25kA
电流互感器LZZBJ-12	300/5A,5F10/15VA 300/5A,0.5/15VA			151/5A,5P10/15VA 151/5A,0.5/15VA	150/5A,5F10/15VA 150/5A,15/15VA
电压互感器			10/V3 kV10.1/V310.1/3kV 0.5, 50VA,3P, 50VA		
避雷器/浪涌器	YH5WZ-17/45		YH5WZ-17/45	YH5WZ-17/45	YH5WZ-17/45
接地开关				JN15-12/31.5	JN15-12/31.5
带电显示装置	GSN-10	GSN-10	GSN-10	GSN-10	GSN-10
熔断器		10kV/1A	10kV/0.5A		
综合继电保护	REF615K			REF615K	REF615K
变压器容量(kVA)	3200			1600	1600
电流截面(mm²)	ZA-YJLV-10kV -3X(1X120)			WDZA-YJY -10-3×95	WDZA-YJY -10-3×95

高压系统设计说明：

1. 10kV配电柜采用金属铠装移开式中置断路器柜。
2. 高压系统采用上进上出的方式，高压系统方案以供电局审定为准。
3. 设备供货方应按我国标准向使用方提供各相关图纸资料和备件。
4. 开关柜应能够满足GB 3908/DL 404/DEC 298等专业要求，应满足"五防"功能。
5. 开关柜所有一次元件必须满足系统短路电流为25kA条件下的动、热稳定要求，技术参数必须符合国家规范及DEC标准。

6. 系统操作电源DC220V，直流屏随高压柜配套。
7. 所有继电保护装置均采用带通信接口的微机综合保护装置。
8. 高压配电装置及电汽元器件应选用湿热带型产品 ← 增加高压配电装置选型要求

图 2.18.4-2　正确图

第 19 节　教育建筑电气设计涉及非强条的错误及解答

2.19.1　中小学校内建筑的照明和动力用电未设总电能计量装置。详见错误图 2.19.1-1。

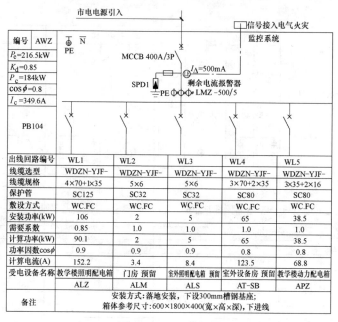

图 2.19.1-1　错误图

结论：属于涉及违反一般性条文的问题。

依据：

（1）《中小学校设计规范》GB 50099—2011 第 10.3.2 条："中小学校的供、配电设计应符合下列规定：

1 中小学校内建筑的照明用电和动力用电应设总配电装置和总电能计量装置。总配电装置的位置宜深入或接近负荷中心，且便于进出线。"

（2）《教育建筑电气设计规范》JGJ 310—2013 第 5.2.2 条：

"教育建筑的低压配电系统设计应符合下列规定：

2 由市电引入的低压电源线路，应在总电源箱（柜）的受电端设置具有隔离和保护作用的开关；各楼层应分别设置电源切断装置；由本建筑配变电所引入的专用回路，可在受电端装设隔离开关。"

建议：为确保教育建筑的用电安全，用户与供电部门应设置明显断开点和计量装置。设计时可根据需要设总开关和计量表，或者根据照明和动力用电分设总开关和计量表。详见正确图 2.19.1-2。

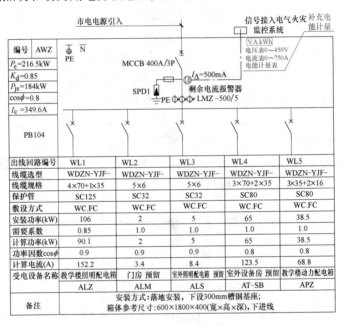

图 2.19.1-2　正确图

2.19.2　幼儿园内走道疏散照明的地面最低水平照度为 3.0lx。

结论：属于违反一般性条文的问题。

依据：《建筑设计防火规范（2018 年版）》GB 50016—2014 第 10.3.2 条："建筑内疏散照明的地面最低水平照度应符合下列规定：

2 对于人员密集场所、避难层（间），不应低于 3.0lx；对于老年人照料设施、病房楼或手术部的避难间,不应低于 10.0lx。

　　3 对于楼梯间、前室或合用前室、避难走道,不应低于 5.0lx;对于人员密集场所、老年人照料设施、病房楼或手术部内的楼梯间、前室或合用前室、避难走道,不应低于 10.0lx。"

　　《教育建筑电气设计规范》JGJ 310—2013 第 8.6.2 条:"教育建筑的疏散照明除应符合国家现行防火设计标准的相关规定外,还应符合下列规定:

　　1 中小学和幼儿园的疏散场所地面的照度不应低于 5lx。"

　　建议:幼儿园属于中华人民共和国消防法第七十三条规定的人员密集场所,人员密集场所内的楼梯间、前室或合用前室疏散照明的地面最低水平照度不应低于 10.0lx,人员密集场所内走道不应低于 3.0lx,满足《建筑设计防火规范(2018 年版)》GB 50016—2014 第 10.3.2 条规定;幼儿园属于教育建筑,尚应执行《教育建筑电气设计规范》JGJ 310—2013 第 8.6.2 条第 1 款,因此幼儿园内走道疏散照明的地面最低水平照度不应低于 5lx。

2.19.3 **黑板面照度标准值不满足 500lx 要求;教室黑板照明灯具选型不合理。详见错误图 2.19.3-1。**

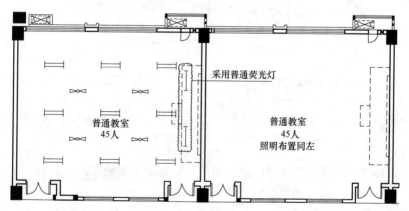

图 2.19.3-1　错误图

　　结论:属于违反一般性条文的问题。

　　依据:《建筑照明设计标准》GB 50034—2013 第 5.3.7 条:

"教育建筑照明标准值应符合表 5.3.7 的规定。"

GB 50034—2013 表 5.3.7 中教室黑板面的照度标准值为 500lx。

《教育建筑电气设计规范》JGJ 310—2013 第 8.4.5 条："教育建筑的灯具选择应符合下列规定：

2 黑板照明灯具应采用非对称配光的灯具。"

建议：教室黑板面的照度标准值指混合（一般照明与局部照明）照度，为了达到照度要求，应选用专用的黑板照明灯，并应注意防止眩光的产生。详见正确图 2.19.3-2。

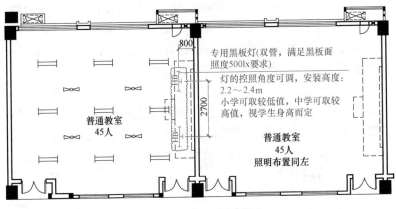

图 2.19.3-2　正确图

2.19.4　教育建筑的壁挂式空调插座回路未设置剩余电流动作保护器。

结论：属于违反一般性条文的问题。

依据：《教育建筑电气设计规范》JGJ 310—2013 第 5.2.2 条第 8 款："教育建筑内插座回路均应设剩余电流动作保护器。"

《剩余电流动作保护装置安装和运行》GB/T 13955—2017 第 5.7 条第 a 款："手持式电动工具、移动电器、家用电器等设备应优先选用额定剩余动作电流不大于 30mA、无延时的 RCD。"

建议：学生属于安全意识薄弱，且好奇心强的群体，为防止直接接触电击事故及间接接触电击事故，教育建筑的壁挂式空调插座回路应设置剩余电流动作保护器，且应选用额定剩余动作电流不大于 30mA，无延时的 RCD。

2.19.5 中小学保健室、食堂的餐厅、厨房及配餐空间或托儿所、幼儿园的婴幼儿用房未设置专用杀菌消毒装置。

结论：属于涉及一般性条文的问题。

依据：《中小学校设计规范》GB 50099—2011 第 10.3.7 条："保健室、食堂的餐厅、厨房及配餐空间应设置电源插座及专用杀菌消毒装置。"

《托儿所、幼儿园建筑设计规范（2019 年版）》JGJ 39—2016 第 6.3.2 条："托儿所、幼儿园的婴幼儿用房宜设置紫外线杀菌灯，也可采用安全型移动式紫外线杀菌消毒设备。"第 6.3.3 条："托儿所、幼儿园的紫外线杀菌灯的控制装置应单独设置，并应采取防误开措施。"

建议：在教育建筑内的上述区域应注意设置紫外线杀菌灯或安全型移动式紫外线杀菌消毒设备。如采用移动式消毒设备，应注意预留电源插座，并在图中注明；如消毒设备采用固定安装，可借鉴《托儿所、幼儿园建筑设计规范（2019 年版）》JGJ 39—2016 第 6.3.3 条条文说明的要求进行设计。鉴于目前的情况，提出三种做法供参考：

1 采用灯开关控制，并把灯开关设置在门外走廊专用的小箱内且上锁，由专人负责，其他人不能操作。

2 采用专用回路并集中控制，把控制按钮设在有人值班的房间，确定房间无人时由专人操作开启紫外线灯。

3 有条件时采用智能控制，探测房间是否有人，由房间无人和固定的消毒时间两个条件操作开启紫外线灯。

第 20 节　居住建筑电气设计涉及非强条的错误及解答

2.20.1 住宅的总电源进线未设剩余电流动作保护或剩余电流动作报警。

结论：属于违反一般性条文的问题。

依据：《住宅设计规范》GB 50096—2011 第 8.7.2 条第 6 款："住宅供电系统的设计，应符合下列规定：

6 每幢住宅的总电源进线应设剩余电流动作保护或剩余电流动作报警。"

建议：住宅电源总进线，除消防配电线路外，均应设置剩余电流动作保护或者剩余电流动作报警，剩余电流动作值一般为300mA。当住宅建筑面积较小，剩余电流检测点较少时，可采用剩余电流动作保护装置或独立型防火剩余电流动作报警器。当住宅规模较大，剩余电流检测点较多时，可采用电气火灾监控系统。部分地区的供电管理部门不同意在住宅总进线处设置剩余电流动作保护或剩余电流动作报警装置，例如上海市住建委已向住房和城乡建设部报备，不执行该条规定。

2.20.2 老年人照料设施未设置电气火灾监控系统。详见错误图 2.20.2-1。

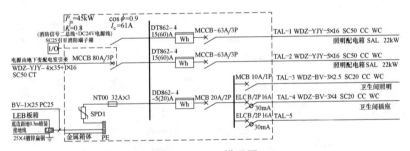

图 2.20.2-1 错误图

结论：属于违反一般性条文的问题。

依据：《建筑设计防火规范（2018 版）》GB 50016—2014 第 10.2.7 条："老年人照料设施的非消防用电负荷应设置电气火灾监控系统。"

建议：设计时首先明确"老年人照料设施"是指《老年人照料设施建筑设计标准》JGJ 450—2018 中床位总数（可容纳老年人总数）大于或等于 20 床（人），为老年人提供集中照料服务的公共建筑，包括老年人全日照料设施和老年人日间照料设施。其他专供老年人使用的、非集中照料的设施或场所，如老年大学、老年活动中心等不属于老年人照料设施。为提高老年人照料设施预防火灾的能力，避免电气过载、短路、电气线路等原因，要求此类场所的非消防用电负荷应设置剩余电流动作类型的电气火灾监控系统，一般由电流互感器、漏电探测器、漏电报警器组成。

剩余电流式电气火灾监控探测器应以设置在低压配电系统首端为基本原则，宜设置在第一级配电柜（箱）的出线端，探测器报警值宜为 300～500mA。在无消防控制室且电气火灾监控探测器设置数量不超过 8 只时，可采用独立式电气火灾监控探测器。当被保护线路剩余电流达到报警设定值时，探测器应在 30s 内发出报警信号，点亮报警指示灯，非独立式探测器的报警指示应保持至与其相连的电气火灾监控设备复位，独立式探测器的报警指示应保持至手动复位。设计时注意：当采用非独立式电气火灾监控探测器时，应接入电气火灾监控器，不应接入火灾报警控制器的探测器回路。详见正确图 2.20.2-2。

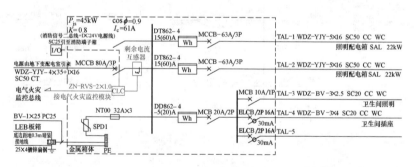

图 2.20.2-2　正确图

2.20.3　复式住宅户配电箱同层采用不同的单相电源供电，引入 380V 相间电压。详见错误图 2.20.3-1。

结论：属于涉及违反一般性条文的问题。

依据：《住宅建筑电气设计规范》JGJ 242—2011 第 6.2.3 条要求："采用三相电源供电的住宅，套内每层或每间房的单相用电设备、电源插座宜采用同相电源供电。"

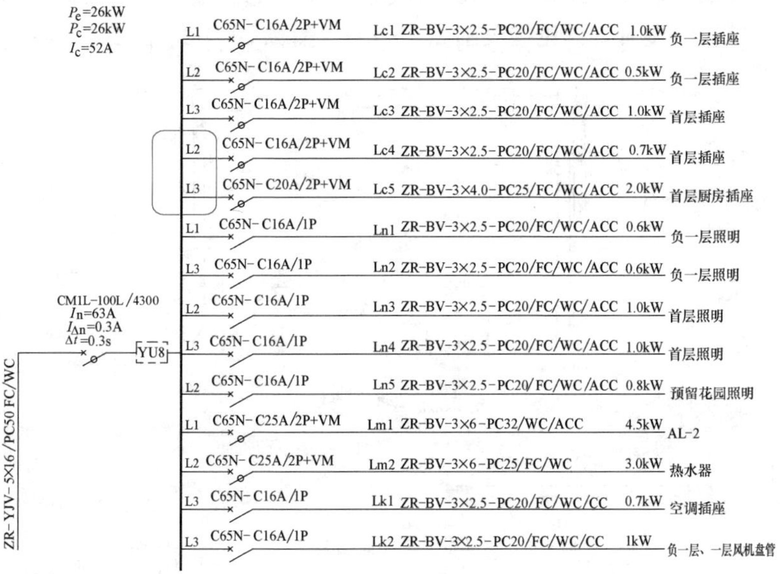

$P_e=26kW$
$P_c=26kW$
$I_c=52A$

L1 C65N-C16A/2P+VM Lc1 ZR-BV-3×2.5-PC20/FC/WC/ACC 1.0kW 负一层插座
L2 C65N-C16A/2P+VM Lc2 ZR-BV-3×2.5-PC20/FC/WC/ACC 0.5kW 负一层插座
L3 C65N-C16A/2P+VM Lc3 ZR-BV-3×2.5-PC20/FC/WC/ACC 1.0kW 首层插座
L2 C65N-C16A/2P+VM Lc4 ZR-BV-3×2.5-PC20/FC/WC/ACC 0.7kW 首层插座
L3 C65N-C20A/2P+VM Lc5 ZR-BV-3×4.0-PC25/FC/WC/ACC 2.0kW 首层厨房插座
L1 C65N-C16A/1P Ln1 ZR-BV-3×2.5-PC20/FC/WC/ACC 0.6kW 负一层照明
L3 C65N-C16A/1P Ln2 ZR-BV-3×2.5-PC20/FC/WC/ACC 0.6kW 负一层照明
L2 C65N-C16A/1P Ln3 ZR-BV-3×2.5-PC20/FC/WC 1.0kW 首层照明
L3 C65N-C16A/1P Ln4 ZR-BV-3×2.5-PC20/FC/WC 1.0kW 首层照明
L2 C65N-C16A/1P Ln5 ZR-BV-3×2.5-PC20/FC/WC/ACC 0.8kW 预留花园照明
L1 C65N-C25A/2P+VM Lm1 ZR-BV-3×6-PC32/WC/ACC 4.5kW AL-2
L2 C65N-C25A/2P+VM Lm2 ZR-BV-3×6-PC25/FC/WC 3.0kW 热水器
L3 C65N-C16A/1P Lk1 ZR-BV-3×2.5-PC20/FC/WC/CC 0.7kW 空调插座
L3 C65N-C16A/1P Lk2 ZR-BV-3×2.5-PC20/FC/WC/CC 1kW 负一层、一层风机盘管

CM1L-100L/4300
$I_n=63A$
$I_{\Delta n}=0.3A$
$\Delta t=0.3s$
YU8
ZR-YJV-5×16/PC50 FC/WC

图 2.20.3-1 错误图

建议：同层采用同相供电，详见正确图 2.20.3-2。

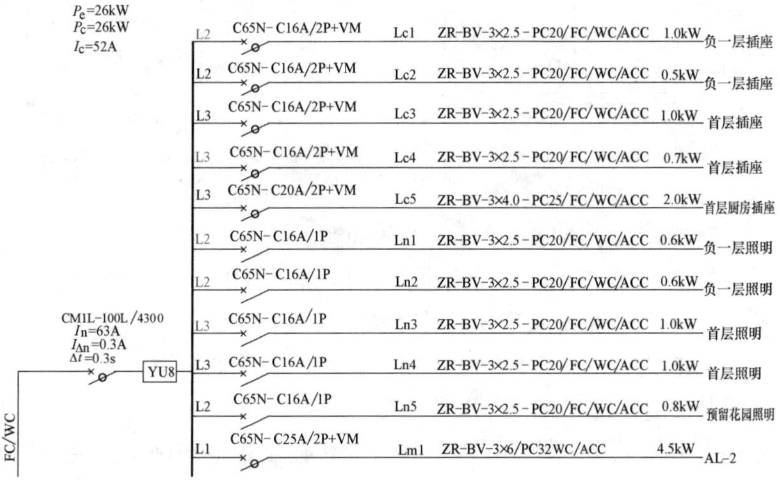

$P_e=26kW$
$P_c=26kW$
$I_c=52A$

L2 C65N-C16A/2P+VM Lc1 ZR-BV-3×2.5-PC20/FC/WC/ACC 1.0kW 负一层插座
L2 C65N-C16A/2P+VM Lc2 ZR-BV-3×2.5-PC20/FC/WC/ACC 0.5kW 负一层插座
L3 C65N-C16A/2P+VM Lc3 ZR-BV-3×2.5-PC20/FC/WC/ACC 1.0kW 首层插座
L3 C65N-C16A/2P+VM Lc4 ZR-BV-3×2.5-PC20/FC/WC/ACC 0.7kW 首层插座
L3 C65N-C20A/2P+VM Lc5 ZR-BV-3×4.0-PC25/FC/WC/ACC 2.0kW 首层厨房插座
L2 C65N-C16A/1P Ln1 ZR-BV-3×2.5-PC20/FC/WC/ACC 0.6kW 负一层照明
L2 C65N-C16A/1P Ln2 ZR-BV-3×2.5-PC20/FC/WC/ACC 0.6kW 负一层照明
L3 C65N-C16A/1P Ln3 ZR-BV-3×2.5-PC20/FC/WC/ACC 1.0kW 首层照明
L3 C65N-C16A/1P Ln4 ZR-BV-3×2.5-PC20/FC/WC/ACC 1.0kW 首层照明
L2 C65N-C16A/1P Ln5 ZR-BV-3×2.5-PC20/FC/WC/ACC 0.8kW 预留花园照明
L1 C65N-C25A/2P+VM Lm1 ZR-BV-3×6/PC32 WC/ACC 4.5kW AL-2

CM1L-100L/4300
$I_n=63A$
$I_{\Delta n}=0.3A$
$\Delta t=0.3s$
YU8
FC/WC

图 2.20.3-2 正确图

2.20.4 老年人照料设施内餐厅、书画室、诊疗室未设置紧急呼叫装置。详见错误图 2.20.4-1、图 2.20.4-2、图 2.20.4-3。

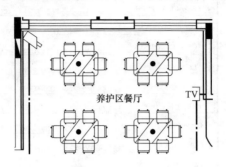

图 2.20.4-1 错误图

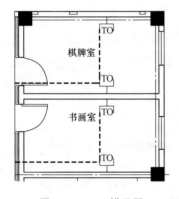

图 2.20.4-2 错误图

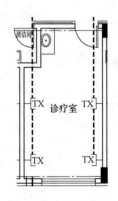

图 2.20.4-3 错误图

结论：属于违反一般性条文的问题。

依据：《老年人照料设施建筑设计标准》JGJ 450—2018 第 7.4.2 条："公共安全系统应符合下列规定：

3 老年人居室、单元起居室、餐厅、卫生间、浴室、盥洗室、文娱与健身用房，康复与医疗用房均应设紧急呼叫装置，且应保障老年人方便触及。紧急呼叫信号应能传输至相应护理站或值班室。呼叫信号装置应使用 50V 及以下安全特低电压。"

建议：应在老年人照料设施内餐厅、棋牌室、书画室、诊疗室增设紧急呼叫装置，紧急呼叫信号应能传输至相应护理站或值班室。呼叫信号装置应使用 50V 及以下安全特低电压。详见正确图 2.20.4-4、图 2.20.4-5、图 2.20.4-6。

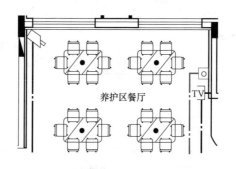

图 2.20.4-4　正确图

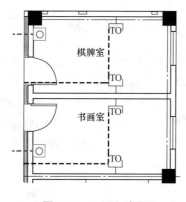

图 2.20.4-5　正确图

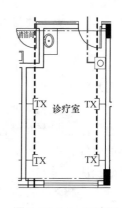

图 2.20.4-6　正确图

第 21 节　工业建筑电气设计涉及非强条的错误及解答

2.21.1　高度大于 **12m** 的厂房，照明线路未设置具有探测故障电弧功能的电气火灾监控探测器。详见错误图 **2.21.1-1**。

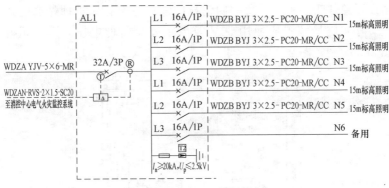

图 2.21.1-1　错误图

结论：属于违反一般性条文的问题。

依据：《火灾自动报警系统设计规范》GB 50116—2013 第 12.4.6 条："高度大于 12m 的空间场所，电气线路应设置电气火灾监控探测器，照明线路上应设置具有探测故障电弧功能的电气火灾监控探测器。"

建议：高度大于 12m 的空间场所最大的火灾隐患就是电气火灾，因此应设置电气火灾监控系统。照明线路故障引起的火灾占电气火灾的 10% 左右，此类建筑的顶部较高，发生火灾不容易被发现，也没法在其上面设置其他探测器，只有设置具有探测故障电弧功能的电气火灾监控探测器，才能保证对照明线路故障引起的火灾的有效探测。详见正确图 2.21.1-2。

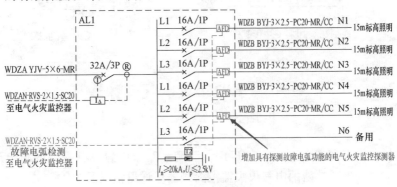

图 2.21.1-2　正确图

2.21.2 有高速气流的洁净厂房，采用普通感烟探测器。详见错误
图2.21.2-1。

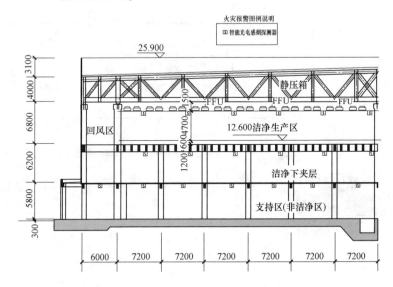

图 2.21.2-1 错误图

结论：属于违反一般性条文的问题。

依据：《火灾自动报警系统设计规范》GB 50116—2013 第5.4.1
条："下列场所宜选择吸气式感烟火灾探测器：具有高速气流的
场所。"

建议：具有高速气流的场所，如通信机房、计算机房、无尘室
（洁净室）等任何通过空气调节作用而保持正压的场所。在这些场
所中，烟雾通常被气流高度稀释，这给点型感烟探测技术的可靠探
测带来了困难。而吸气式感烟火灾探测器由于采用主动的吸气式采
样方式，并且系统通常具有很高的灵敏度，加之布管灵活，所以成
功地解决了气流对于烟雾探测的影响。洁净厂房内的高速气流会影
响烟气向上部的聚集，而吸气式感烟探测器则可以采用主动的吸气
采样，灵敏度更高，能在早期就探测到烟气。吸气式感烟探测器通
常安装于回风夹道的百叶处。详见正确图2.21.2-2。

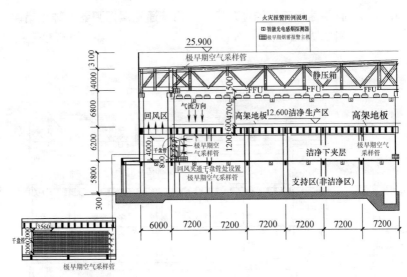

图 2.21.2-2 正确图

第 22 节 其他建筑电气设计涉及非强条的错误及解答

2.22.1 由室外地下进、出防空地下室的强、弱电线路未设置防爆波电缆井。

结论：属于违反一般性条文的问题。

依据：根据《人民防空地下室设计规范》GB 50038—2005第 7.4.8 条："由室外地下进、出防空地下室的强电或弱电线路，应分别设置强电或弱电防爆波电缆井。防爆波电缆井宜设置在紧靠外墙外侧。"

（条文说明："强电和弱电电缆直接由室外地下进、出防空地下室时，应防止互相干扰，需分别设置强电、弱电防爆波电缆井，在室外宜紧靠外墙设置防爆波电缆井。由地面建筑上部直接引下至防空地下室内时，可不设置防爆波电缆井，但电缆穿管应采取防护密闭措施。设置防爆波电缆井是为了防止冲击波沿着电缆进入防空地下室室内"）

由室外地下进、出防空地下室的强、弱电线路未设置防爆波电缆井违反了上述规定。

建议：在战时线路由室外地下直接引入人防处紧靠外墙分别设置强电、弱电防爆波电缆井，战时线路经由防爆波电缆井引入人防。

2.22.2 人防战时供电引自战时区域性电源时，战时一级负荷未设置 EPS（UPS），蓄电池组的连续供电时间未标志或标注有误。详见错误图 2.22.2-1、图 2.22.2-2。

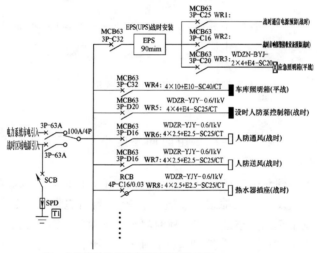

注：人防战时供电引自战时区域性电源

图 2.22.2-1 错误图 1

结论：属于涉及违反一般性条文的问题。

依据：《人民防空地下室设计规范》GB 50038—2005 第 7.2.13 条："救护站、防空专业队工程、人员掩蔽工程、配套工程等应按下列要求设置柴油发电机组：建筑面积 5000m² 及以下的各类未设内部电站的防空地下室，战时供电应符合下列规定：

1）引接区域电源，战时一级负荷应设置蓄电池组电源；

2）无法引接区域电源的防空地下室，战时一级、二级负荷应在室内设置蓄电池组电源；

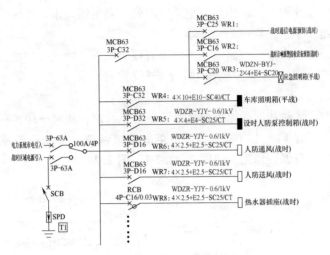

注：人防战时供电引自战时区域性电源

图 2.22.2-2　错误图 2

3）蓄电池组的连续供电时间不应小于隔绝防护时间（见 GB 50038—2005 表 5.2.4）。"

建议：针对引接区域电源的情况，为了确保战时一级负荷的供电要求，应设置蓄电池组（EPS 或 UPS）自备电源，其连续供电时间不应小于该防空地下室的战时隔绝防护时间，对于二等人员掩蔽所，蓄电池组的连续供电时间不应小于 3h。详见正确图 2.22.2-3。

战时隔绝防护时间及 CO_2 容许体积浓度、O_2 体积浓度

表 5.2.4

防空地下室用途	隔绝防护时间（h）	CO_2 容许体积浓度（%）	O_2 体积浓度（%）
医疗救护工程、专业队队员掩蔽部、一等人员掩蔽所、食品站、生产车间、区域供水站	≥6	≤2.0	≥18.5
二等人员掩蔽所、电站控制室	≥3	≤2.5	≥18.0
物资库等其他配套工程	≥2	≤3.0	—

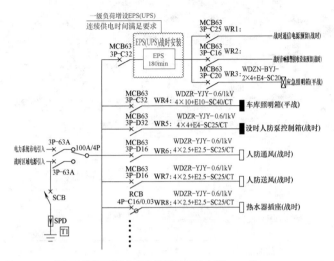

注：人防战时供电引自战时区域性电源

图 2.22.2-3　正确图

3

第三章　建筑电气及智能化专业部分规范及标准的强制性条文目录

第1节　建筑电气专业部分规范及标准的强制性条文目录

序号	规范及标准名称	实施日期	规范及标准强制条款编号
1	民用建筑电气设计标准 GB 51348—2019	2020.8.1	3.2.1、3.2.8、3.3.4、4.3.5、4.7.3、4.10.1、7.2.4、7.4.6、7.5.2、7.6.3、8.1.6、9.4.5、11.2.3、11.2.4、11.8.8、12.4.10、12.4.14、12.5.8、13.4.6、13.7.6、14.4.3、14.9.4
2	35～110kV 变电站设计规范 GB 50059—2011	2012.8.1	3.1.3
3	3～110kV 高压配电装置设计规范 GB 50060—2008	2009.6.1	2.0.10、4.1.9、5.1.1、5.1.3、5.1.4、5.1.7、7.1.3、7.1.4
4	20kV 及以下变电所设计规范 GB 50053—2013	2014.7.1	2.0.2、4.1.3、4.2.3、6.1.1、6.1.2、6.1.3、6.1.5、6.1.6、6.1.7、6.1.9
5	火力发电厂与变电站设计 防火标准 GB 50229—2019	2019.8.1	3.0.1、3.0.9、4.0.15、5.1.1、5.1.2、5.1.3、5.2.5、5.3.7、6.2.4、6.4.8、6.4.17、6.5.2(1、2、3、4、9)、6.7.3、6.7.6、6.8.4、6.8.7、6.8.8、6.8.11、6.8.12、7.1.4、7.3.1、7.5.3、7.6.4、7.13.7、8.1.2、9.1.1、9.1.2、9.1.4、9.1.5、9.2.1、10.1.1、10.2.1、10.2.2、10.5.3、11.1.1、11.1.5、11.1.7、11.2.8、11.2.9、11.5.11、11.5.17、11.6.1、11.6.2、11.7.1(1、2、3、4)条(款)

续表

序号	规范及标准名称	实施日期	规范及标准强制条款编号
6	供配电系统设计规范 GB 50052—2009	2010.7.1	3.0.1、3.0.2、3.0.3、3.0.9、4.0.2
7	低压配电设计规范 GB 50054—2011	2012.6.1	3.1.4、3.1.7、3.1.10、3.1.12、3.2.13、4.2.6、7.4.1
8	建筑照明设计标准 GB 50034—2013	2014.6.1	6.3.3、6.3.4、6.3.5、6.3.6、6.3.7、6.3.9、6.3.10、6.3.11、6.3.12、6.3.13、6.3.14、6.3.15
9	消防应急照明和疏散 指示系统技术标准 GB 51309—2018	2019.3.1	3.2.4、3.3.1、3.3.2、4.1.4、4.5.11(6)、6.0.4、6.0.5
10	体育场馆照明设计及检测标准 JGJ 153—2016	2017.6.1	4.4.11、4.4.12
11	城市道路照明设计标准 CJJ 45—2015	2016.6.1	7.1.2
12	室外作业场地照明设计标准 GB 50582—2010	2010.12.1	6.2.8
13	中小学校教室采光和照明 卫生标准 GB 7793—2010	2011.5.1	4.2、4.3、4.4、4.5、4.6、5.1、5.2、5.3、5.9、5.10、5.11
14	建筑物防雷设计规范 GB 50057—2010	2011.10.1	3.0.2、3.0.3、3.0.4、4.1.1、4.1.2、4.2.1(2、3)、4.2.3(1、2)、4.2.4(8)、4.3.3、4.3.5(6)、4.3.8(4、5)、4.4.3、4.5.8、6.1.2
15	建筑物电子信息系统防雷 技术规范 GB 50343—2012	2012.12.1	5.1.2、5.2.5、5.4.2、7.3.3
16	农村民居雷电防护工程技术规范 GB 50952—2013	2014.7.1	3.1.5、4.1.2
17	古建筑防雷工程技术规范 GB 51017—2014	2015.6.1	4.1.6、4.5.2(3)、5.1.4、5.3.2(3)
18	电力工程电缆设计标准 GB 50217—2018	2018.9.1	5.1.9

续表

序号	规范及标准名称	实施日期	规范及标准强制条款编号
19	矿物绝缘电缆敷设技术规程 JGJ 232—2011	2011.10.1	3.1.7、4.1.7、4.1.9、4.1.10、 4.10.1
20	通用用电设备配电设计规范 GB 50055—2011	2012.6.1	2.3.1、2.5.5、2.5.6、3.1.13
21	并联电容器装置设计规范 GB 50227—2017	2017.11.1	4.1.2(3)、4.2.6(2)
22	城市配电网规划设计规范 GB 50613—2010	2011.2.1	6.1.2、6.1.5
23	光伏发电站设计规范 GB 50797—2012	2012.11.1	3.0.6、3.0.7、14.1.6、14.2.4
24	架空电力线路、变电站(所)对电视差转台、转播台无线电干扰防护间距标准 GB 50143—2018	2019.3.1	3.0.1、3.0.3
25	爆炸危险环境电力装置设计规范 GB 50058—2014	2014.10.1	5.2.2(1)、5.5.1
26	建筑机电工程抗震设计规范 GB 50981—2014	2015.8.1	1.0.4、5.1.4、7.4.6
27	工业企业电气设备抗震设计规范 GB 50556—2010	2010.12.1	1.0.4、3.0.3、3.0.5、3.0.8
28	电力设施抗震设计规范 GB 50260—2013	2013.9.1	1.0.3、1.0.7、1.0.8、1.0.10、 3.0.6、3.0.8 、3.0.9、5.0.1、5.0.3、 5.0.4 、7.1.2
29	火灾自动报警系统设计规范 GB 50116—2013	2014.5.1	3.1.6、3.1.7、3.4.1、3.4.4、 3.4.6、4.1.1、4.1.3、4.1.4、4.1.6、 4.8.1、4.8.4、4.8.5、4.8.7、4.8.12、 6.5.2、6.7.1、6.7.5、6.8.2、6.8.3、 10.1.1、11.2.2、11.2.5、12.1.11、 12.2.3
30	消防控制室通用技术要求 GB 25506—2010	2011.7.1	4.1、4.2.1、4.2.2、5.1、5.2、 5.3.1、5.3.2、5.3.3、5.3.4、5.3.5、 5.3.6、5.3.7、5.3.8、5.3.9、 5.3.10、5.4、5.5、5.6、5.7、6.1、 6.2、6.3、6.4、7.1、7.2、7.3、7.4、 7.5、7.6、7.7

续表

序号	规范及标准名称	实施日期	规范及标准强制条款编号
31	城市消防远程监控系统技术规范 GB 50440—2007	2008.1.1	7.1.1
32	建筑设计防火规范(2018 年版) GB 50016—2014	2015.5.1	3.3.8、3.4.1、3.5.1、3.6.6、3.6.8、4.2.1、4.3.1(1)、4.3.8、4.4.1、5.3.2、5.3.4、5.4.10(2)、5.4.11、5.4.12、5.4.13(2、3、4、5、6)、5.4.15(1、2)、5.4.17(4、5)、5.5.23(4、7、8)、5.5.24(4、5)、6.1.5、6.2.7、6.2.9、6.3.5、6.4.1(3)、6.4.2(3)、6.4.3(5)、6.4.4(3)、6.4.5(5)、6.4.10、6.4.11(1、2、4)、7.2.2.(1、3)、7.2.4、7.3.1、7.3.2、7.3.5(3、4)、8.1.7(1、3、4)、8.1.8、8.3.8(1、3)、8.3.9、8.4.1、8.4.3、9.2.2、9.3.9(1)、9.3.16、10.1.1、10.1.2、10.1.5、10.1.6、10.1.8、10.1.10、10.2.1、10.2.4、10.3.1、10.3.2、10.3.3、11.0.9、12.1.4、12.5.1、12.5.4
33	人民防空地下室设计规范 GB 50038—2005	2006.3.1	3.6.6(2、3)、7.2.9、7.2.10、7.2.11、7.3.4、7.6.6
34	人民防空工程设计防火规范 GB 50098—2009	2009.10.1	3.1.10、4.4.2(2、5)、7.8.1、8.1.2、8.1.5(1、2)、8.1.6、8.2.6
35	汽车库、修车库、停车场设计 防火规范 GB 50067—2014	2015.8.1	5.1.3(2)、5.3.1、5.3.2、6.0.1、6.0.3(2、3)、9.0.7
36	民用机场航站楼设计防火规范 GB 51236—2017	2018.1.1	3.4.8
37	建筑内部装修设计防火规范 GB 50222—2017	2018.4.1	4.0.1、4.0.9、4.0.10、4.0.14
38	住宅建筑电气设计规范 JGJ 242—2011	2012.4.1	4.3.2、8.4.3、10.1.1、10.1.2
39	交通建筑电气设计规范 JGJ 243—2011	2012.6.1	6.4.7、8.4.2

序号	规范及标准名称	实施日期	规范及标准强制条款编号
40	金融建筑电气设计规范 JGJ 284—2012	2012.12.1	4.2.1、19.2.1
41	医疗建筑电气设计规范 JGJ 312—2013	2014.4.1	7.1.2、9.3.1
42	教育建筑电气设计规范 JGJ 310—2013	2014.4.1	4.3.3、5.2.4
43	体育建筑电气设计规范 JGJ 354—2014	2015.5.1	6.1.7、7.2.1、9.1.4
44	会展建筑电气设计规范 JGJ 333—2014	2014.12.1	8.3.6
45	商店建筑电气设计规范 JGJ 392—2016	2017.3.1	3.5.4、4.5.5、5.3.6、5.3.7、9.7.4
46	车库建筑设计规范 JGJ 100—2015	2015.12.1	4.2.8
47	住宅设计规范 GB 50096—2011	2012.8.1	5.1.1、5.3.3、6.2.5、8.1.3、8.1.4、8.1.7、8.3.2、8.7.3、8.7.4、8.7.5、8.7.9
48	住宅建筑规范 GB 50368—2005	2006.3.1	3.1.7、3.1.11、7.1.4、7.1.6、8.1.3、8.1.4、8.1.5、8.5.1、8.5.2、8.5.3、8.5.4、8.5.5、8.5.6、8.5.7、8.5.8、9.1.3、9.1.4、9.1.5、9.4.3、9.4.4、9.5.1、9.7.1、9.7.2、9.7.3、10.1.4、10.1.5、10.1.6
49	宿舍建筑设计规范 JGJ 36—2016	2017.6.1	7.3.4
50	旅馆建筑设计规范 JGJ 62—2014	2015.3.1	4.1.10
51	剧场建筑设计规范 JGJ 57—2016	2017.3.1	8.1.7、8.2.2、10.3.13
52	电影院建筑设计规范 JGJ 58—2008	2008.8.1	6.2.2、7.3.4
53	数据中心设计规范 GB 50174—2017	2018.1.1	8.4.4、13.2.1、13.2.4、13.3.1、13.4.1

序号	规范及标准名称	实施日期	规范及标准强制条款编号
54	商店建筑设计规范 JGJ 48—2014	2014.12.1	7.3.14、7.3.16
55	展览建筑设计规范 JGJ 218—2010	2011.2.1	5.2.8、5.2.9
56	档案馆建筑设计规范 JGJ 25—2010	2011.2.1	6.0.5、7.3.2
57	博物馆建筑设计规范 JGJ 66—2015	2016.2.1	4.1.3、4.1.5
58	铁路旅客车站建筑设计规范 （2011年版） GB 50226—2007	2011.12.1	8.3.2(5)、8.3.4
59	中小学校设计规范 GB 50099—2011	2012.1.1	4.1.8
60	托儿所、幼儿园建筑 设计规范(2019年版) JGJ 39—2016	2016.11.1	6.3.3
61	特殊教育学校建筑设计标准 JGJ 76—2019	2020.3.1	4.1.3
62	洁净厂房设计规范 GB 50073—2013	2013.9.1	5.2.8、5.2.9、5.2.10、5.2.11、6.5.6、8.1.1（4）、8.1.5、8.1.8、8.4.1、8.4.2(2、3)、8.4.3、9.2.2、9.2.5（1）、9.2.6、9.3.3、9.3.4、9.3.5、9.3.6、9.4.3、9.5.2、9.5.4、9.5.7
63	医药工业洁净厂房设计标准 GB 50457—2019	2019.12.1	6.4.1、6.4.2、6.4.3、6.4.4、6.4.5、6.4.6、11.2.8、11.3.4、11.3.7、11.4.4
64	电子工业洁净厂房设计规范 GB 50472—2008	2009.7.1	7.5.3（5、6、8）、7.5.6（2、3）12.1.8、12.2.3(1)、12.2.4、12.3.2、12.3.4（1、3）、12.3.6、12.3.7、12.3.8、12.4.4、13.3.4
65	生物安全实验室建筑技术规范 GB 50346—2011	2012.5.1	7.1.2、7.1.3、7.3.3、7.4.3

序号	规范及标准名称	实施日期	规范及标准强制条款编号
66	实验动物设施建筑技术规范 GB 50447—2008	2008.12.1	7.3.3、7.3.7、7.3.8
67	老年人照料设施建筑设计标准 JGJ 450—2018	2018.10.1	5.1.2、5.6.4、6.5.3
68	科研建筑设计标准 JGJ 91—2019	2020.1.1	5.2.6
69	综合医院建筑设计规范 GB 51039—2014	2015.8.1	6.2.5、8.1.3、8.3.5、8.6.7
70	医院洁净手术部建筑技术规范 GB 50333—2013	2014.6.1	11.1.3、11.1.6
71	疾病预防控制中心建筑技术规范 GB 50881—2013	2013.5.1	7.3.6、9.0.10
72	精神专科医院建筑设计规范 GB 51058—2014	2015.8.1	4.7.8
73	冷库设计规范 GB 50072—2010	2010.7.1	7.3.8
74	监狱建筑设计标准 JGJ 446—2018	2019.1.1	4.13.2(5、6、7)、4.13.6、4.13.10
75	汽车加油加气站设计与施工规范(2014 年版) GB 50156—2012	2013.3.1	11.1.6、11.2.1、11.2.4、11.4.1、11.4.2、11.5.1、13.7.5
76	地铁设计规范 GB 50157—2013	2014.3.1	15.1.6、15.1.7、15.1.23、15.3.26、15.4.1(1)、15.4.2、15.7.15、15.7.16、16.2.11、18.1.9、19.3.1、19.4.5、20.3.10(2)、21.2.4、21.2.5、21.3.3、21.7.6、22.6.1、22.6.3、23.1.7、23.1.8、24.8.1、25.2.8、26.1.8、27.4.14、28.1.5、28.2.3、28.5.1、28.5.5、28.6.1、28.6.5、28.6.6
77	城市消防站设计规范 GB 51054—2014	2015.8.1	6.5.4
78	粮食钢板筒仓设计规范 GB 50322—2011	2012.6.1	8.1.2、8.6.1

续表

序号	规范及标准名称	实施日期	规范及标准强制条款编号
79	粮食加工、储运系统粉尘防爆安全规程 GB 17440—2008	2009.10.1	第6章全文强条
80	酒厂设计防火规范 GB 50694—2011	2012.6.1	9.1.3、9.1.5、9.1.7、9.1.8
81	飞机库设计防火规范 GB 50284—2008	2009.7.1	4.1.4
82	飞机喷漆机库设计规范 GB 50671—2011	2012.5.1	5.3.2、5.2.6、9.1.2
83	采光顶与金属屋面工程技术规程 JGJ 255—2012	2012.10.1	4.6.4
84	城市综合管廊工程技术规范 GB 50838—2015	2015.6.1	4.3.4、4.3.6、6.6.1
85	城市地下综合管廊运行维护及安全技术标准 GB 51354—2019	2019.8.1	6.4.3、6.4.6、6.4.14
86	城市工程管线综合规划规范 GB 50289—2016	2016.12.1	4.1.8、5.0.6、5.0.8、5.0.9
87	特种气体系统工程技术规范 GB 50646—2011	2012.6.1	5.4.7
88	城市绿地设计规范 GB 50420—2007	2007.10.1	8.3.5
89	氧气站设计规范 GB 50030—2013	2014.7.1	8.0.2、8.0.8
90	民用建筑供暖通风与空气调节设计规范 GB 50736—2012	2012.10.1	5.5.1、5.5.5、5.5.8、5.10.1、6.3.9(2)、6.6.16、8.1.2、8.11.14、9.1.5、9.4.9
91	建筑防烟排烟系统技术标准 GB 51251—2017	2018.8.1	5.1.2、5.1.3、5.2.2
92	城镇燃气设计规范 GB 50028—2006	2006.11.1	9.6.3、10.2.14(1)、10.2.21(2、3、4)、10.2.24、10.3.2(2)、10.5.3(1、3)、10.5.7、10.6.2、10.6.6

续表

序号	规范及标准名称	实施日期	规范及标准强制条款编号
93	锅炉房设计标准 GB 50041—2020	2020.7.1	15.3.7
94	建筑给水排水设计标准 GB 50015—2019	2020.3.1	6.5.6
95	室外排水设计规范（2016 年版） GB 50014—2006	2006.6.1	5.1.9
96	游泳池给水排水工程技术规程 CJJ 122—2017	2017.12.1	4.3.4、6.2.4
97	消防给水及消火栓系统技术规范 GB 50974—2014	2014.10.1	4.3.9、4.3.11(1)、5.1.6(1、2、3)、5.1.8(1、2、3、4)、11.0.1(1)、11.0.2、11.0.5、11.0.7（1）、11.0.9、11.0.12
98	固定消防炮灭火系统设计规范 GB 50338—2003	2003.8.1	6.1.4、6.2.4
99	气体灭火系统设计规范 GB 50370—2005	2006.5.1	3.2.9、5.0.2、5.0.4、5.0.8、6.0.1、6.0.3、6.0.4、6.0.6
100	干粉灭火系统设计规范 GB 50347—2004	2004.11.1	7.0.2、7.0.3、7.0.7
101	泡沫灭火系统设计规范 GB 50151—2010	2011.6.1	3.1.1、3.3.2、6.1.2、6.2.2、8.1.5
102	自动跟踪定位射流灭火系统 GB 25204—2010	2011.3.1	5.5、5.6、5.7、5.8、5.11、5.13
103	低温辐射电热膜供暖系统 应用技术规程 JGJ 319—2013	2014.6.1	4.8.5
104	民用建筑太阳能空调工程 技术规范 GB 50787—2012	2012.10.1	3.0.6、5.6.2
105	民用建筑太阳能热水系统 应用技术标准 GB 50364—2018	2018.12.1	5.3.2、5.7.2
106	燃气冷热电三联供工程技术规程 CJJ 145—2010	2011.3.1	4.3.11、5.1.10

续表

序号	规范及标准名称	实施日期	规范及标准强制条款编号
107	公共建筑节能改造技术规范 JGJ 176—2009	2009.12.1	6.1.6
108	公共建筑节能设计标准 GB 50189—2015	2015.10.1	4.2.2、4.2.3、4.5.2、4.5.4、4.5.6
109	夏热冬冷地区居住建筑节能设计标准 JGJ 134—2010	2010.8.1	6.0.2、6.0.3
110	严寒和寒冷地区居住建筑节能设计标准 JGJ 26—2018	2019.8.1	4.1.14、5.1.4、5.1.9、5.1.10、7.3.2
111	夏热冬暖地区居住建筑节能设计标准 JGJ 75—2012	2013.4.1	6.0.2、6.0.13
112	辐射供暖供冷技术规程 JGJ 142—2012	2013.6.1	3.9.3、5.5.7
113	供热计量技术规程 JGJ 173—2009	2009.7.1	4.2.1、7.2.1
114	太阳能供热采暖工程技术标准 GB 50495—2019	2019.12.1	5.1.2

第2节　建筑智能化专业部分规范及标准的强制性条文目录

序号	规范及标准名称	实施日期	规范及标准强制条款编号
1	智能建筑设计标准 GB 50314—2015	2015.11.1	4.6.6、4.7.6

序号	规范及标准名称	实施日期	规范及标准强制条款编号
2	安全防范工程技术标准 GB 50348—2018	2018.12.1	1.0.6、6.1.3、6.1.5、6.3.6(1、2、4、5)、6.3.8(2、3)、6.3.11(1、3)、6.3.12(3、4)、6.3.13(2、3、4)、6.4.3(2、3、4、5、6、7、8、14)、6.4.5(1、2、3、4、5、7、10)、6.4.7(8、11、13)、6.4.9(5)、6.4.10(1、3、4、9)、6.4.12(5、9)、6.6.2(1、2、3)、6.6.4(3、5、6)、6.6.5(1、3)、6.12.4(3)、6.13.1(4)、6.13.3(2)、6.13.4(4、5、6)、6.14.2(1、2、3、4)、6.14.3(2)、7.2.4(3、5、12)、9.1.3、11.1.5、11.1.6、11.2.7
3	视频安防监控系统工程设计规范 GB 50395—2007	2007.8.1	3.0.3、5.0.4（3）、5.0.5、5.0.7(3)
4	入侵报警系统工程设计规范 GB 50394—2007	2007.8.1	3.0.3、5.2.2、5.2.3、5.2.4、9.0.1(3)
5	出入口控制系统工程设计规范 GB 50396—2007	2007.8.1	3.0.3、5.1.7（3）、6.0.2（2）、7.0.4、9.0.1(2)
6	厅堂扩声系统设计规范 GB 50371—2006	2006.5.1	3.1.7、3.3.2
7	会议电视会场系统工程设计规范 GB 50635—2010	2011.10.1	3.1.8、3.4.3(6、7、8)、3.4.4(5、6)
8	红外线同声传译系统工程 技术规范 GB 50524—2010	2010.12.1	3.1.5、3.3.1(6)
9	通信管道与通道工程设计规范 GB 50373—2019	2020.1.1	4.0.4
10	电子工程防静电设计规范 GB 50611—2010	2011.2.1	9.0.4(2、4)
11	通信局(站)防雷与接地工程 设计规范 GB 50689—2011	2012.5.1	1.0.6、3.1.1、3.1.2、3.6.8、3.9.1、3.10.3、3.11.2、3.13.6、3.14.1、4.8.1、5.3.1、5.3.4、6.4.3、6.6.4、7.4.6、9.2.9

续表

序号	规范及标准名称	实施日期	规范及标准强制条款编号
12	电子会议系统工程设计规范 GB 50799—2012	2013.1.1	3.0.8、7.4.2(2、3)
13	消防通信指挥系统设计规范 GB 50313—2013	2013.10.1	4.1.1(1、2、3、5)、4.2.1(1、2、3)、4.2.2（1）、4.3.1（1、5、6、7）、4.4.3(1、2、4、5)、5.11.1（1）、5.11.2(3、4)
14	住宅区和住宅建筑内光纤到户 通信设施工程设计规范 GB 50846—2012	2013.4.1	1.0.3、1.0.4、1.0.7
15	公共广播系统工程技术规范 GB 50526—2010	2010.12.1	3.2.5(1、2)、3.5.6、3.5.7、3.6.7(1)、4.2.4、4.2.5
16	民用闭路监视电视系统工程 技术规范 GB 50198—2011	2012.6.1	3.4.6、3.4.10
17	综合布线系统工程设计规范 GB 50311—2016	2017.4.1	4.1.1、4.1.1、4.1.3、8.0.10
18	电子工程环境保护设计规范 GB 50814—2013	2013.5.1	3.4.19(4)、3.7.15、4.2.6(2)
19	城镇建设智能卡系统工程 技术规范 GB 50918—2013	2014.6.1	3.2.4、3.2.5
20	数据中心基础设施施工及 验收规范 GB 50462—2015	2016.8.1	3.1.5、5.2.10、5.2.11、6.2.2
21	通信线路工程设计规范 GB 51158—2015	2016.6.1	6.4.8、7.4.12、8.3.1、8.3.5
22	互联网数据中心工程技术规范 GB 51195—2016	2017.4.1	1.0.4、4.2.2
23	视频显示系统工程技术规范 GB 50464—2008	2009.6.1	4.1.5(4)、4.2.3(5)、5.2.3(1、5、6)
24	建筑电气工程电磁兼容技术规范 GB 51204—2016	2017.7.1	8.3.5

参 考 文 献

[1] 中华人民共和国建筑法.

[2] 中华人民共和国反恐怖主义法.

[3] 中华人民共和国消防法.

[4] 房屋建筑和市政基础设施工程施工图设计文件审查管理办法.

[5] 建设工程消防设计审查验收管理暂行规定.

[6] 建筑工程设计文件编制深度规定（2016 年版）.

[7] 国家建筑标准设计图集《火灾自动报警系统设计规范》14X505-1.

[8] 国家建筑标准设计图集《建筑电气常用数据》19DX101-1.

[9] 国家建筑标准设计图集《应急照明设计与安装》19D702-7.

[10] 国家建筑标准设计图集《等电位联结安装》15D502.

[11] 国家建筑标准设计图集《利用建筑物金属体做防雷及接地装置安装》15D503.

[12] 华北地区电气图集《建筑物防雷装置》09BD13.

主编单位介绍：

中国勘察设计协会电气分会

中国勘察设计协会（国家一级协会）电气分会（以原全国智能建筑技术情报网为基础）是工程勘察设计行的全国性社会团体，由设计单位、建设单位、产品单位等电气专业人士自愿组成的非营利性社团组织，是中国勘察设计协会的分支机构，在中国勘察设计协会的领导下开展工作，挂靠单位为中国建设科技集团。

中国勘察设计协会电气分会通过民政部审批，于 2014 年 6 月正式成立，2018 年 6 月电气分会第二届理事会提出了"高平台·高品质·高格局"的主题，并着手打造"专业人才创新圈""生态合作创新圈""专业合作创新圈"的三大创新圈。截至 2019 年 9 月 30 日，已有全国的会员单位 484 家，电气分会常务理事 141 人，理事 520 人，由来自全国 31 个省、自治区的高职称（教授级高工、研究员、教授及以上）和高职务（副所长、副总工及以上）的双高专家组成的"电气双高专家组"（414 人，包括 1 位全国设计大师、11 位国务院特殊津贴专家，9 位省级电气设计大师），由来自全国 31 个省、自治区的 45 岁以下从事电气行业工作的杰出青年组成的"电气杰青组"（222 人）。并相继成立了华北、华东、东北，中南、西南，华南、西北等七个电气学组。

名誉会长：张军

会长：欧阳东

副会长：郭晓岩、陈众励、陈建飚、杜毅威、杨德才、孙成群、李蔚、熊江、王勇、李俊民、周名嘉、徐华、王廼宁、张珣、齐晓明

秘书长：吕丽

副秘书长：王苏阳

秘书长助理：于娟、李战赠

中国建筑节能协会电气分会

中国建筑节能协会（国家一级协会）是经国务院同意、民政部批准成立，由住房和城乡建设部主管，其下属分会电气分会由中国建设科技集团负责筹建，该分会通过民政部审批，成立于2013年，电气分会致力于提高建筑楼宇电气与智能化管理水平，加强与政府的沟通，进行深层次学术交流，促进企业规范行业产品市场，实现信息资源共享并进行开发利用；积极组织技术交流与培训活动，开展咨询服务；编辑出版关的专业技术刊物和资料；力保国家节能工作稳步落实，促进建筑电气行业节能技术的发展。

工作职能：协助政府部门和中国建筑节能协会进行行业管理及对会员单位的监督管理工作；协助中国建筑节能协会优秀项目评选活动；收集本行业设计、施工、管理等方面的信息，进行开发利用和实现信息资源共享；积极组织技术交流与培训活动，开展咨询服务，协助会员单位进行人才培养；组织技术开发和业务建设，协助会员单位拓宽业务领域和开发多种形式的协作；编辑出版有关技术刊物和资料（含电子出版物）；组织信息交流，宣传党和国家有关工程建设的方针政策；开展国际技术合作与交流活动；关注行业发展与社会经济建设，向政府主管部门反映会员单位和工程技术人员相关政策、技术方面的建议和意见；承担政府有关部门委托的任务。

工作方针：致力卓越服务、传播业界信息、促进技术进步、推动行业发展。

工作宗旨：从质量中求精品、从管理中求效益、从服务中求市场、从创新中求发展。

名誉主任：张军

主任：欧阳东

副主任：郭晓岩、陈众励、杨德才、杜毅威、刘侃、李蔚、陈建飚、王勇、李炳华、周名嘉、熊江

秘书长：吕丽

副秘书长：王苏阳
秘书长助理：于娟

参编企业介绍：

ABB 中国——携手同心，共创未来

携手同心，谱写安全、智慧和可持续的电气化未来

　　ABB 是全球电气产品、机器人及运动控制、工业自动化和电网领域的技术领导企业，致力于帮助电力、工业、交通和基础设施等行业客户提高业绩。基于超过 130 年的创新历史，ABB 技术全面覆盖电力和工业自动化价值链，应用于从发电端到用电端、从自然资源开采到产成品完工的各种场景，谱写行业数字化的未来。

　　ABB 由两家拥有 100 多年历史的国际性企业——瑞典的阿西亚公司和瑞士的布朗勃法瑞公司在 1988 年合并而成，总部位于瑞士苏黎世。ABB 集团业务遍布全球 100 多个国家和地区，雇员达 14.7 万。

　　ABB 与中国的关系可以追溯到 1907 年，当时 ABB 向中国提供了一台蒸汽锅炉。经过多年的快速发展，ABB 在中国已拥有研发、制造、销售和工程服务等全方位的业务活动，44 家本地企业、近 2 万名员工遍及 130 余个城市。ABB 在中国累计投资额约 170 亿元人民币，在华超过 90% 的销售收入来源于本土制造的产品、系统和服务。目前，中国是 ABB 集团全球第二大市场。

　　作为全球技术领导者和数字化领军企业，ABB 将创新视为保持长期市场竞争力的关键。

　　同时，ABB 还通过加强高校合作、并已连续多年入选《环球科学》年度创新榜中的"跨国企业创新十强"。

欧普照明股份有限公司

欧普照明始于 1996 年，主要从事照明光源、灯具、控制类产品的研发、生产、销售和服务，业务覆盖亚太、欧洲、中东、南非等七十多个国家和地区。作为拥有自主研发能力的行业巨头，公司立足照明产品，持续拓展品类至艺术开关、集成整装、厨卫电器和卫浴等，并基于渠道平台优势，开拓各业务板块，旨在转型为照明系统及集成硬装综合解决方案服务商。凭借强大的营销队伍和完善的国内外营销网络，现已拥有各类终端销售网点超过 100000 家。欧普照明于 2016 年成功上市，欧普股票简称"欧普照明"，代码603515.SH。欧普照明，为您全面提升空间品质，点亮生活的每个细节。

贵州泰永长征技术股份有限公司

　　贵州泰永长征技术股份有限公司（品牌简称"TYT"）是深圳证券交易所挂牌上市企业（代码：002927，简称"泰永长征"），致力于为用户提供安全可靠的智能变、配电整体解决方案及服务，成为能效管理和智慧电气的领先者。TYT 旗下拥有"TYT 泰永""TYT 长九""TYT 源通"三大自主品牌。

　　TYT 专注于我国中低压电器行业的中高端市场，坚持自主创新研发，积极打造领先的低压电器试验中心，建设完善的实验与测试平台，掌握了多项中低压电器核心专利技术，并主导或参与制修订多项国家标准、行业标准。同时，TYT 还相继获得"中国电气工业最具影响力品牌""中国高低压开关设备行业质量创优十佳知名品牌""贵州省自主创新优秀品牌""贵州省创新型企业"等多项荣誉。

　　TYT 拥有现代化生产制造基地——遵义泰永长征工业园、重庆源通电器制造产业园。TYT 正积极构建基于智能化变压器、双电源和断路器等战略产品线，通过 TYT Future 智能云管理平台，打造泛在电力物联生态圈，为各行业市场提供安全可靠、互联互通的智能变、配电整体解决方案。

　　TYT 始终秉承"民主、务实、创新、共赢"的企业精神，坚持"让电气改变人类生活，使能源高效服务社会"的企业使命，坚持创新驱动，强化品牌战略，不断发挥行业领军优势，为全球电力用户实现数字化转型赋能。

上海良信电器股份有限公司

　　上海良信电器股份有限公司是一家专注低压电器高端市场的领先公司，在深圳证券交易所挂牌上市（SZ.002706），主要从事终端电器、配电电器、控制电器、智能家居等产品的研发、生产和销售。

　　良信电器以客户需求驱动产品研发，投入研发的费用不低于年销售额6%；企业技术中心被认定为"国家企业技术中心"，实验室通过国家CNAS认可及美国UL认可；公司被评为"上海市高新技术企业""科技小巨人企业""上海市专利工作示范企业"，目前累计申请国内外各项专利超过537项，并领衔、参与了多项行业标准的制订和修订。

　　良信电器以高端低压电气系统解决方案专家为品牌定位，以解决客户的压力和挑战为己任，为客户创造价值。公司以上海总部为依托，在电力电源、电力及基础设施、工控、新能源、信息通信、智能楼宇等行业与维谛、华为、阳光电源、三菱电梯、中国移动、中国联通、万科、绿地等企业形成了持续稳定的合作关系。

　　良信电器致力于人们更安全、便捷、高效地使用电能，专注低压电器领域，选择目标集聚战略，成为低压电器高端市场领导品牌，为中国制造赢得竞争优势。

大全集团有限公司

　　大全集团是电气、新能源、轨道交通领域的领先制造商，主要研发生产中低压成套电器设备、智能元器件、轨道交通设备、太阳能多晶硅等。在江苏扬中、南京江宁、重庆万州、新疆石河子、湖北武汉拥有 4 个生产基地、3 个研究院、23 家制造企业，与德国西门子、美国伊顿、瑞士赛雪龙等国际公司设有多家合资企业，在美洲、欧洲、东南亚、中东、非洲建立二十多家分支机构，有近 1 万名员工。

　　大全集团是国家创新型企业、国家技术创新示范企业、国家重点高新技术企业、工信部两化融合管理体系贯标示范企业、全国质量标杆企业、国家首批绿色工厂、全国文明单位，是中国机械工业100 强企业和中国电气工业领军企业。先后获得中国质量奖提名奖、国家技术发明奖二等奖、国家科技进步奖一等奖、中国工业大奖表彰奖。拥有国家级博士后工作站、院士工作站、国家能源新能源接入设备研发中心、国家级企业技术中心、国家级电气检测站，科技研发能力和技术装备水平居于国内同行业前列。

　　大全集团在电气设备领域、新能源领域、轨道交通领域等业绩显著。在中低压成套电器、封闭母线、低压母线槽、直流牵引供电设备等领域居于国内同行前列。在新能源领域的产品产量和品质跻身世界同类企业前列。通过合资合作，引进世界先进的直流开关技术，为客户提供轨道交通牵引供电设备及系统解决方案，直流牵引供电设备市场占有率超过 50％。